패션 스타일리스트

패션 스타일리스트

김현량 · 이언영 · 조인실 지음

교문사

패션 스타일링은 패션을 통해 이루어지는 커뮤니케이션의 새로운 영역

21세기는 3D(Digital, DNA, Design), 소프트 파워(Soft Power)의 시대이며 감성의 시대로 다양한 예술과 문화, 그리고 패션과 관련된 디자인 및 연출이 부각되는 시대이다. 이러한 시대는 소비자 감성과 개성이 더욱 뚜렷해지고 고급화되므로 창의적이며 시대적 감성을 대변할 수 있는 고도의 디자인과 이미지 창출이 요구된다.

이미지 창출은 패션 코디네이션의 목표이다. 패션 코디네이션이란 패션 스타일링과 같은 뜻으로 의복, 패션 액세서리, 모델과 헤어 & 메이크업 등의 스타일링 요소들을 조절하고 배합해서 원하는 이미지를 창출하는 것 즉, 패션연출을 의미한다. 패션 스타일링은 패션을 통해 이루어지는 커뮤니케이션의 새로운 영역이며, 스타일리스트는 패션연출을 통해 그 사회의 미적 기준과 상징적 의미뿐만 아니라 문화적 특성과 예술적 취향을 이야기하게 된다.

매스 미디어의 발달과 더불어 방송 채널의 다양화, K-문화의 글로벌 현상, 온라인 및 모바일 커뮤니케이션의 증대 등 현대 사회의 시대적 요구와 변화 흐름에 따라 다양한 분야에서 전문적인 패션 스타일리스트의 역할이 요구되고 있다.

스타일리스트 역할 증대와 중요성으로 인하여 스타일리스트 양성을 위한 체계적인 교육 교재가 매우 필요하다고 생각되어, 이 책을 출간하게 되었다. 특히 저자들이 가지고 있는 그동안의 현장 경험과 자료들을 바탕으로 패션 스타일링 방법론을 실제 프로세스를 적용하여 제시함으로써, 창의적인 패션연출 능력향상에 도움을 주고자 노력하였다.

이 책은 크게 3부로 구성되어있다. 1부는 기초 이론으로 패션 스타일링의 개념과 스타일리스트의 활동 영역을 설명하고 아울러 형태, 색채, 소재, 체형에 따른 스타일링 방법으로 구성하였다.

2부는 실무 심화 단계로 현대 패션의 유행 흐름을 시대의 대표적 아이콘을 통해 시대별로 분석하였다. 또한 패션테마와 이미지를 양성성, 낭만성, 민속성과 자연성, 전통성, 반항성, 예술성으로 구분하여 그 특성을 설명하고 이에 따른 스타일링의 예를 제시하였다.

3부는 앞의 기초 이론과 실무 심화에서 습득한 패션연출 관련 지식과 기술을 실제에 적용해보는 실무 활용 단계이다. 광고와 잡지 스타일링 분야, 방송과 무대 스타일링 분야의 특징과 스타일링 방법을 사례 제시를 통해 설명하였다.

이 책의 내용은 교육부와 국가평생교육진흥원이 주관하는 한국형 온라인 공개강좌(K-MOOC) 중 묶음 강좌 〈전문 스타일리스트 양성과정〉의 강의 내용을 토대로 하고 있으며 장안대학교 스타일리스트과 전임교수 3인의 전공별 연구 방향에 따라 역할이 분담되어 진행되었다.

끝으로 충분한 보완과 수정의 시간을 할애하지 못해, 못내 미비한 결과물을 내놓게된 아쉬움을 앞으로의 과제로 남기며, 늘 곁에서 격려와 응원을 아끼지 않으신 홍명화 교수님, 출간에 도움을 주신 교문사 대표와 편집부 직원 여러분들께 감사의 마음을 전한다.

저자 일동

차례

PART 1

기초 이론

CHAPT

패션 스타일링

ER 1

패션
● 스타일링의
이해

1. 패션 코디네이션 및 패션 스타일링의 개념

1) 패션 코디네이션 및 스타일링

코디네이션의 사전적 의미는 "동등하다", "통합하다", "조정하다", "배열하다", "조정하다", "조화를 이루다"이다.

패션에서의 코디네이션은 머리끝에서부터 발끝까지 인체와 패션 전반에 행해진 연출 상황을 일컫는다. 다시 말해 의복의 컬러, 소재, 문양, 실루엣, 디테일, 아이템, 패션 소품, 모델, 헤어 & 메이크업 등의 스타일링 요소들을 잘 조정하고 조절, 배합해서 그 사회가 가지고 있는 상징적 의미와 미적 의미가 반영된 이미지 창출을 의미하는 것이다(그림 1).

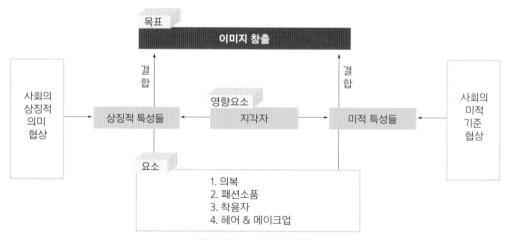

그림 1 패션 코디네이션 개념도

패션 스타일링의 사전적 의미는 "특정한 형태나 유행에 맞추어 만드는 것"으로 콘셉트 패션 아이템, 모델의 이미지, 헤어, 메이크업 등을 시즌 트렌드와 아이템의 조화 등에 알맞게 맞추어 연출하는 기초적인 행위를 말한다. 따라서 패션 코디네이션과 스타일링 모두 사람을 대상으로 패션의 전반적인 연출을 의미하는 것이라는 점에서 동일한 의미를 지닌다. 단지 패션 및 뷰티 분야가 점점 전문화·세분화·다양화 되어짐에 따라 스타일링의 개념이 과거 코디네이션의 개념에 비해 더욱 구체적이게 표현되고 있을 뿐이다. 즉, 패션 코디네이션과 스타일링은 패션을 통해 이루어지는 커뮤니케이션의 새로운 영역으로써 현대 사회의 시대적 요구와 변화 흐름에 따라 패션 스타일리스트의 역할은 확대되고 있는 실정이다.

2) 패션 코디네이션 및 스타일링 유래

코디네이션의 용어가 사용되기 시작한 것은 1960년대 영패션의 등장으로 인한 캐주얼룩의 등장에서 시작되었다고 볼 수 있다. 1960년대 영패션 이전은 세트 개념, 슈트 개념의 포멀한 아이템이 기본이었으나, 영패션 대두 이후 이전과는 상반되게 다양한 아이템들을 매칭하게 되었다. 이러한 아이템 매칭 과정에서 사람마다 자기 나름대로의 개성에 따라 아이템, 색상, 소재 등을 조화롭게 매칭하는 방법 즉, 패션 코디네이션 방법에 관심을 갖게 되었다. 특히 메리 퀀트(Mary Quant)에 의해 큰 유행을 불러일으킨 미니스커트의 등장은 컬러 스타킹과 롱부츠 등의 소품으로까지 코디네이션을 확산시키는 계기가 되었으며, 레이어드룩의 유행은 여러 패션 아이템을 겹쳐 입어 표현하는 룩으로 패션 코디네이션의 필요성을 더욱 고조시켰다.

이후 대량생산이 이루어짐에 따라 기성복이 발달하기 시작하였고, 기성복의 발달은 다양한 아이템으로 다양한 룩을 만들 수 있는 기회가 되어 보다 코디네이션 기회 확대로 대중화되기에 이르렀다.

패션 스타일링의 목적은 보편적 아름다움의 표현과 새로운 이미지 창출·연출이라고 볼 수 있는데 보편적 아름다움의 표현은 미적인 측면의 정의이고, 새로운 이미지 창출·연출은 상징적인 측면의 정의로 볼 수 있다. 이미지 창출·연출은 의상 아이템과 액세서리, 착용자의 특성, 그 외 헤어 및 메이크업 등의 연출 요소에 따라 이루어지게 되며 이 요소들은 각 사회 안에 상징적인 의미를 갖게 된다. 따라서 이러한 상징적 측면은 T.P.O와 지각자의 특성에 따라 그 상징적인 의미가 달라질 수 있다.

2. 패션 코디네이터와 스타일리스트

현대 패션 산업의 발달로 패션 분야의 전문 분야가 더욱 세분화되어지고, 매체의 채널 확대로 토털 패션 연출에 관한 전문 업무 즉, 스타일링의 필요성이 등장하게 되면서 명칭도 과거 코디네이터에서 스타일리스트로 변화되기 시작하였다. 요즘은 코디네이트, 스타일리스트 외에도 비주얼 마케터, 비주얼 디렉터 등으로 다양하게 불리어지고 있다.

코디네이터(Coordinator)는 사전적 의미로 코디네이트(Coordinate)에서 파생된 것으로 "조정자"를 의미한다. 다양한 사전에서 코디네이터를 방송 프로그램을 진행하는데 있어서 소품을 설정하거나 전체 스튜디오를 방송의 내용에 맞게 꾸미는 것을 주 업무로 하는 사람으로 배우들의 의상이나 머리 스타일을 작품의 분위기에 맞게 연출하는 역할을 한다고 하였으며, 방송의 내용을 파악하고 그것에 맞는 주변 환경을 만들어 내는 역할을 함에 따라 독단적으로 하는 것이 아니라 연출자와 직접 호흡을 맞춰 행하는 직업으로 정의되었다.

스타일리스트(Stylist)는 의상, 헤어스타일, 액세서리, 메이크업 등을 촬영 의도에 맞게 출연자의 분위기를 연출하는 사람으로 정의하였다. 하지만 코디네이터, 스타일리스트는 방송 분야에만 한정되어 있지는 않으며, 의류기업의 스타일링을 담당하는 스페셜리스트, 패션잡지 등에서 패션 면을 담당하는 사람, 광고, 사진 분야에서 의복을 담당하는 사람, 연극·영화·TV 등에서 의상을 담당하는 사람, 패션쇼의 연출자로서 모델 의상의 스타일링을 담당하는 사람 등을 포함하며, 이렇듯 방송 외에도 광고, 패션쇼, 잡지, 퍼스널 등외 이미지를 창출·연출하는 모든 분야의 업무를 수행하고 있다. 특히 현대 사회의 문화가 융·복합되어지고, 다양한 매체로 문화가 파급되어짐에 따라 스타일리스트의 업무 분야는 더욱 확대되고 있다.

패션 스타일리스트의 활동 영역

현대 미디어 발달에 따른 다매체, 다채널 및 종합 편성채널 등의 성장과 영화 산업의 발달, 온·오프라인 잡지사, 광고대행사, 매니지먼트사, 에이전시, 프로덕션, 웨딩업체 등 이미지 연출 분야의 확대로 스타일리스트 수요가 증가되고 있다. 우리나라의 문화가 세계화가 되어감에 따라 앞으로도 스타일리스트 분야는 보다 확대될 것이고 스타일리스트의 필요성도 지속적으로 높아지게 될 것이다.

1. 방송·연예 및 영화 스타일링

방송 스타일링 분야는 가수 스타일링과 드라마·영화배우 스타일링의 방법이 현저히 다르다. 오히려 드라마와 영화는 매체의 형태는 다르지만 스타일링 기획 부분과 연출 방법에 있어서 유사한 점이 많다.

1) 가수 스타일링

가수 분야의 스타일링은 음악 장르 분석에 따른 스타일 기획이 가장 중요하다. 요즘은 가수가 음악 프로그램에만 출연하는 것이 아니라 다양한 예능 프로그램에도 활동하는 경우가 많아 음악, 예능, 콘서트, 뮤직비디오 등 프로그램별에 따른 특징을 살린 차별화된 스타일링이 필요하다.

우선 가수의 유형(싱글, 듀엣, 그룹)에 따른 체형과 이미지를 고려해야 하고, 그에 따라 디자인 및 스타일 베리에이션이 나타날 수 있도록 연출해야 한다. 스타일리스트 업무는 제작의 과정, 모니터링, 의상 관리 등까지 모두 포함된다.

2) 드라마 및 영화배우 스타일링

드라마와 영화의 공통점은 스토리로 전개가 된다는 것이다. 따라서 드라마는 대본, 영화는 시나리오를 통해 작가와 감독의 기획 의도를 파악하고 인물 분석을 통해 스타일링을 기획하는 것이 중요하다.

스토리의 배경이 되는 시대 상황과 등장인물의 역할에 따른 이미지 콘셉트 설정은 스타일링 기획에 가장 기본이 되는 것이므로 충분히 협의를 통해 분석하고 이해해야 한다. 의상과 소품 등은 스토리 연결에 있어 복선이 되기도 하는 중요한 부분이므로 연결 신에 관한 이해도 중요한 부분이며, 전체 스토리의 자연스런 전개를 위해 전체 분위기, 함께하는 배우와의 조화로운 스타일 진행이 되도록 연출하여야 한다.

2. 패션 잡지 스타일링

모든 패션 분야에 있어 트렌드는 중요한 요소이긴 하지만 특히 패션 트렌드를 이해하고 반영하는 능력이 중요하다. 우선 콘셉트 기획과 이미지에 적합한 모델 선정, 패션 및 뷰티 스타일까지의 충분한 협의와 준비가 필요하다. 이때 스타일리스트는 전체 스타일링을 위한 헤어, 메이크업, 모델, 포토 등 전문분야의 스태프들과의 협의자로서 역할이 요구되어 진다. 기획뿐만 아니라 사진 작업으로 이루어지는 현장에서의 연출과 지속적인 모니터링, 그 외 협찬, 반납 등의 체계적 관리도 포함된다.

3. 패션쇼 및 이벤트 스타일링

오리지널 패션 아이템을 재조합하여 스타일링 하는 방법이 일차적으로 요구되어지는데, 코디네이션 할 때에는 독창성뿐만 아니라 아이템을 디자인한 디자이너의 의도 및 이미지를 파악하여 작업해야 한다. 또한 모델, 헤어·메이크업 스타일리스트, 쇼 디렉터 등과의 협업을 통해 전체 콘셉트에 따른 조화로운 이미지 연출이 될 수 있도록 해야 한다.

4. 광고 스타일링

모든 광고는 상품의 이미지를 짧은 시간에 소비자들의 기억에 남을 수 있도록 해야 하므로, 상품 이미지에 따른 토털 스타일링이 매우 중요하다.

광고대행사와 광고 콘셉트를 철저하게 협의하여 기획 의도에 알맞은 패션 및 뷰티 스타일링을 수행할 수 있어야 하며, 촬영 중 광고 클라이언트와의 협의 과정 및 지속적인 스타일링 반영에 따른 순발력도 요구된다.

CHAPT

형태에 따른 스타일링

ER 2

형태에 따른
● 스타일링

실루엣은 윤곽선을 의미하는 것으로 허리선의 높이, 어깨와 스커트의 폭, 오목 혹은 볼록한 커브의 상태에 따라서 보여지는 전체 외곽선을 말한다. 실루엣의 종류는 다양하지만 대표적으로 허리를 조이지 않고 길게 보이는 스트레이트(Strait)형, 허리선을 조여 여성의 굴곡을 살린 X자 모양의 아워글라스(Hourglass)형, 인체의 한 부분을 과도하게 부풀린 벌크(Bulk)형으로 구분할 수 있다.

1. 스트레이트(Strait)형 실루엣

스트레이트형 실루엣 종류를 살펴보면 H 실루엣, 롱 토르소(Long Torso) 실루엣, 엠파이어(Empire) 실루엣, 시프트(Shift) 실루엣, 시스(Sheath) 실루엣, 튜블러(Tubular) 실루엣 등이 있다.

H 실루엣(그림 1)은 허리를 조이지 않는 실루엣의 총칭으로 장방형의 여유 있는 형태로 가늘고 길게 보는 실루엣이고, 롱 토르소(Long Torso) 실루엣(그림 2)은 몸통을 길게 보이게 강조한 실루엣으로 '로우웨이스트라인'을 형성한다. 엠파이어(Empire) 실루엣(그림 3)은 가슴 바로 밑 하이웨이스트의 위치에서 가볍게 조여졌다가 밑단까지 좁고 길게 늘어진 형태의 실루엣이다.

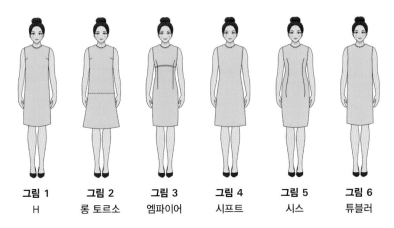

| 그림 1 | 그림 2 | 그림 3 | 그림 4 | 그림 5 | 그림 6 |
| H | 롱 토르소 | 엠파이어 | 시프트 | 시스 | 튜블러 |

또 시프트(Shift) 실루엣(그림 4)은 허리 절개선이 없고 인체에 살짝 밀착되며 밑단이 벌어진 형태의 실루엣이고, 시스(Sheath) 실루엣(그림 5)은 어깨에서 느슨하게 곧바로 늘어져 내려 몸판 이음선이 없는 형태로 슬림(Slim) 실루엣이라고도 불린다. 튜브와 같은 모양인 튜블러(Tubular) 실루엣(그림 6)은 몸에 밀착되며 길게 보이는 실루엣이다.

2. 아워글라스(Hourglass)형 실루엣

아워글라스형 실루엣의 종류는 피트 & 타이트(Fit & Tight) 실루엣, 프린세스(Princess) 실루엣, 크리놀린(Crinoline) 실루엣, 머메이드(Mermaid) 실루엣, 버슬(Bustle) 실루엣, 미나렛(Minaret) 실루엣 등이 있다.

피트 & 타이트(Fit & Tight) 실루엣(그림 7)은 상하의가 꼭 맞게 하고 허리가 타이트한 실루엣으로 허리를 강하게 조여 허리선을 강조한 형태이며, 프린세스(Princess) 실루엣(그림 8)은 세로 절개선에 따라 상반신은 타이트하고 허리 아래에서 직선형으로 플레어지게 한 X자형 실루엣을 말한다.

크리놀린(Crinoline) 실루엣(그림 9)은 상반신을 붙게 하고 하반신을 넉넉하게 종 모양으로 부풀린 형태, 머메이드(Mermaid) 실루엣(그림 10)은 스트레이트 실루엣의 밑단에서 나팔모양으로 넓게 벌어지게 한 형태이다.

버슬(Bustle) 실루엣(그림 11)은 버슬에 의해서 만들어진 힙을 강조한 형태로 앞쪽은 가슴에서 스커트의 단까지 거의 수직이나 뒤쪽 허리선을 가늘게 조여 강조하여 옆쪽에서 보이는 힙 부분이 버슬 장식으로 크게 과장된 특징이 있다. 마지막으로 미나렛(Minaret) 실루엣(그림 12)은 둥글게 퍼지는 무릎길이의 튜닉과 발목길이의 폭 좁은 스

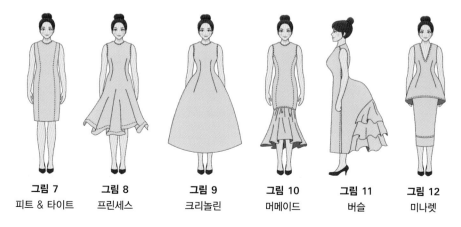

그림 7	그림 8	그림 9	그림 10	그림 11	그림 12
피트 & 타이트	프린세스	크리놀린	머메이드	버슬	미나렛

커트가 겹쳐진 실루엣을 말한다.

3. 벌크(Bulk)형 실루엣

벌크형 실루엣의 종류에는 코쿤(Cocoon) 실루엣, 벌룬(Balloon) 실루엣, 배럴(Barrel) 실루엣, Y 실루엣, T 실루엣, 페그탑(Peg-top) 실루엣, 박시(Boxy) 실루엣 등이 있다.

코쿤(Cocoon) 실루엣(그림 13)은 누에고치와 같은 밑단이 둥글게 좁아지는 타원형의 둥근 형태로 에그(Egg) 실루엣이라고도 불린다. 버블(Bubble), 오벌(Oval) 실루엣이라고도 불리는 벌룬(Balloon) 실루엣(그림 14)은 풍선처럼 크게 부풀린 O형이며, 배럴 (Barrel) 실루엣(그림 15)은 허리부분을 불룩하게 강조하고 밑단이 다시 좁아지는 형태, Y 실루엣(그림 16)은 알파벳 Y자 모양처럼 어깨에서 가슴으로 흐르는 듯한 실루엣으로 와인글라스(Wineglass) 실루엣이라고도 불린다. 그리고, T 실루엣(그림 17)은 알파벳 T 자 모양처럼 어깨를 과장되게 강조하거나 소매가 몸판에 이어져 길어 보이는 형태이며, 페그탑(Peg-top) 실루엣(그림 18)은 어깨가 강조되고 밑단으로 갈수록 좁아지는 역삼각형의 형태, 박시(Boxy) 실루엣(그림 19)은 정방형의 크고 풍성한 실루엣으로 빅(Big) 실루엣, 오버사이즈(Oversize) 실루엣이라고도 불린다.

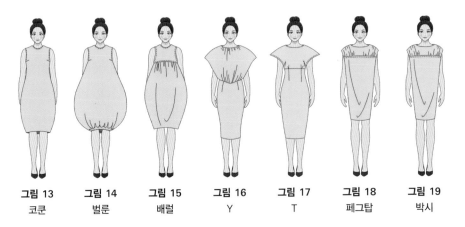

| 그림 13 | 그림 14 | 그림 15 | 그림 16 | 그림 17 | 그림 18 | 그림 19 |
| 코쿤 | 벌룬 | 배럴 | Y | T | 페그탑 | 박시 |

• 디테일

디테일(Detail)의 뜻은 의상의 세부선, 각각의 부분을 일컫는 것으로 네크라인, 칼라, 소매, 포켓 등 봉제 과정에서 제작되는 장식적 형태를 말한다.

1. 네크라인(Neckline)

네크라인은 얼굴이나 목의 경계선을 뜻하는 것으로 네크라인의 형태는 얼굴형과 목의 길이, 굵기 등에 많은 영향을 주며, 그 깊이에 따라 어깨라인에도 영향을 미치게 된다.

네크라인의 종류는 그 형태에 따라 라운드(Round), 스퀘어(Square), 브이(V), 오벌(Oval), 유(U), 홀터(Halter), 스트랩리스(Strapless) 네크라인 등이 있다. 그 형태에 따라 라운드(Round) 네크라인(그림 20)은 둥근 형태, 스퀘어(Square) 네크라인(그림 21)은 사각형 형태, 브이 네크라인(그림 22)은 V자 형태, 유(U) 네크라인(그림 23)은 U자 형태 네크라인을 뜻하며, 오벌(Oval) 네크라인(그림 24)은 U자 형태의 네크라인보다 깊은 형태의 네크라인이다. 그 외 몸판과 이어진 끈이나 여밈처리를 목에서 연결시킨 홀터(Halter) 네크라인(그림 25)과 끈이 없는 네크라인인 스트랩리스(Strapless) 네크라인, 어깨를 드러낸 오프 더 숄더(Off-the-Shoulder) 네크라인도 있다.

네크라인은 얼굴 형태 및 목의 길이 등을 고려하여 스타일링 해야 하는데, 동일한 형태의 네크라인을 선택할 경우 얼굴의 형태를 더욱 부각시킬 수 있으므로 주의해야 한다.

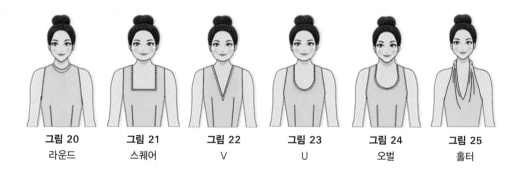

| 그림 20 | 그림 21 | 그림 22 | 그림 23 | 그림 24 | 그림 25 |
| 라운드 | 스퀘어 | V | U | 오벌 | 홀터 |

2. 칼라(Collar)

칼라는 깃의 총칭으로 옷의 몸판 목둘레에 달린 의복의 일부를 가리킨다. 처음에 목걸이를 의미하는 라틴어의 콜라레(Collare)로부터 파생되어 17세기경까지는 밴드(Band)라고 불리었다. 칼라는 그 형태에 따라 플랫(Flat)형, 테일러드(Tailored)형, 셔츠(Shirts)형, 스탠드(Stand)형으로 구분된다.

1) 플랫(Flat)형 칼라

플랫형 칼라는 목선에서 바로 젖혀지는 목밴드 부분이 전혀 없는 편평한 칼라로 귀엽고 발랄한 이미지를 준다. 그 종류로는 피터팬(Peter Pan) 칼라, 이튼(Eton) 칼라, 케이프(Cape) 칼라, 세일러(Sailor) 칼라가 있는데, 피터팬(Peter Pan) 칼라(그림 26)는 둥글고 작은 모양의 칼라이고, 영국 이튼교의 제복에서 유래된 이튼(Eton) 칼라(그림 27)는 피터팬 칼라보다 너비가 좀 더 넓고 칼라의 모양이 각진 형태의 칼라이다. 세일러(Sailor) 칼라(그림 28)는 해군복에서 유래된 V자형 네크라인으로 뒤는 사각패널 형태의 칼라가 특징이다.

2) 테일러드(Tailored)형 칼라

테일러드형 칼라는 테일리드 재킷에 많이 사용되는 칼라로 시크하고 매니시한 이미지를 준다. 목둘레에 형성되는 V존의 깊이에 따라 얼굴형에 영향을 주게 되므로 V존의 깊이를 고려하여야 한다.

　테일러드 칼라의 종류에는 노치드(Notched) 칼라, 피크트(Peaked) 칼라, 턱시도(Tuxedo) 칼라가 있는데, 노치드(Notched) 칼라(그림 29)는 위 칼라와 아래 칼라 사이

| 그림 26 | 그림 27 | 그림 28 | 그림 29 | 그림 30 | 그림 31 |
| 피터팬 | 이튼 | 세일러 | 노치드 | 피크트 | 턱시도 |

의 일부분이 V자형으로 파여진 칼라이며, 피크트(Peaked) 칼라(그림 30)는 아래 칼라 즉, 라펠이 끝이 뾰족하게 올라간 형태의 칼라이다. 또한 턱시도(Tuxedo) 칼라(그림 31)는 숄을 걸친 모양의 턱시도 재킷의 칼라이다.

3) 셔츠(Shirts)형 칼라

셔츠형 칼라는 오픈(Open) 칼라, 윙(Wing) 칼라, 컨버터블(Convertible) 칼라, 셔츠(Shirts) 칼라, 버튼 다운(Button down) 칼라 등이 있는데 모두 캐주얼하고 스포티브한 이미지를 갖는다.

오픈(Open) 칼라(그림 32)는 스포츠 셔츠에서 볼 수 있는 칼라로 목 아래를 열려 놓는 형태의 칼라이며, 윙(Wing) 칼라(그림 33)는 목의 앞부분이 새가 날개를 편 듯한 모양으로 칼라의 목 뒷부분이 스탠드 형태를 가지고 있다.

컨버터블(Convertible) 칼라(그림 34)는 스포츠 칼라의 일종으로 가장 위 단추를 열면 젖혀진 칼라 형태로 칼라가 변화되는 특징이 있다. 또한 와이셔츠에 주로 사용되는 칼라인 셔츠(Shirts) 칼라(그림 35)는 단추를 잠그면 포멀한 느낌, 단추를 열면 스포티한 느낌을 주며 버튼 다운(Button down) 칼라(그림 36)는 칼라 끝을 셔츠의 몸판과 단추로 고정시킨 칼라로 스포티한 느낌을 줄 수 있다.

| 그림 32 | 그림 33 | 그림 34 | 그림 35 | 그림 36 |
| 오픈 | 윙 | 컨버터블 | 셔츠 | 버튼 다운 |

4) 스탠드(Stand)형 칼라

스탠드형 칼라는 밴드 부분 외에 칼라의 모양이 없는 칼라로 디테일에 따라 편안하고 캐주얼한 이미지와 로맨틱한 페미닌 이미지 표현이 가능한데 디테일을 선정할 때에는 목의 길이에 따른 스타일링이 필요하다.

스탠드형 칼라는 디테일 종류에 따라 밴드(Band) 칼라, 롤(Roll) 칼라, 차이니즈 (Chinese) 칼라, 타이(Tie) 칼라, 보우(Bow) 칼라, 프릴(Frill) 칼라 등이 있다. 밴드 (Band) 칼라(그림 37)는 목선을 따라 밴드모양으로 곧게 세워진 칼라이며, 롤(Roll) 칼 라(그림 38)는 목을 따라 둥글게 말리게 만든 옷깃을 통틀어 이르는 칼라로 그 높이에 따라 롤 칼라, 하프 롤칼라로 구분되어진다. 차이니즈(Chinese) 칼라(그림 39)는 중국식 의 옷깃으로 중앙부분이 여밈처리 되어진 칼라이며, 밴드부분을 스트랩으로 장식한 타 이(Tie) 칼라(그림 40), 리본 장식의 보우(Bow) 칼라(그림 41), 프릴 장식의 프릴(Frill) 칼라(그림 42)가 포함된다.

| 그림 37 | 그림 38 | 그림 39 | 그림40 | 그림 41 | 그림 42 |
| 밴드 | 롤 | 차이니즈 | 타이 | 보우 | 프릴 |

3. 소매(Sleeve)

소매는 어깨부터 팔에 걸친 연결부위를 말하며 소매의 형태에 따라 전체적인 이미지에 영향을 주게 되므로 소매의 형태는 스타일링 콘셉트와 더불어 체형 및 팔의 유형을 잘 고려하여 선택하여야 한다.

종류에는 케이프(Cape) 소매, 페전트(Peasant) 소매, 비숍(Bishop) 소매, 퍼프(Puff) 소매, 러플(Ruffled) 소매, 레그 오브 머튼(Leg of Mutton) 소매, 기모노(Kimono) 소매, 돌먼(Dolman) 소매, 래글런(Raglan) 소매, 벨(Bell) 소매, 캡(Cap) 소매, 드랍(Drop) 소 매, 슬리브리스(Sleeveless) 소매 등이 있다.

케이프(Cape) 소매(그림 43)는 소매부분이 케이프 모양처럼 넓은 소매이며, 페전트는 유럽의 농민들이 입던 블라우스에서 유래된 것으로 소매의 윗부분과 소매 부리에 주름 이 잡힌 소매이다. 페전트(Peasant) 소매(그림 44)처럼 소매에 주름을 잡아 형태에 변화 를 준 소매에는 넓은 소매의 단부분에 개더를 잡아서 커프스로 조여 준 비숍(Bishop) (그림 45) 소매, 소매의 윗부분과 소매부리 부분에 주름을 넣어 봉긋하게 올라온 형태의 퍼프(Puff) 소매(그림 46), 소매 윗부분에 러플 장식이 있는 러플(Ruffled) 소매(그림 47), 양의 다리 모양과 유사한 형태로 소매의 윗부분은 퍼프 소매처럼 봉긋하게 부풀려 있고, 소매 부리로 내려올수록 좁아지는 형태의 레그 오브 머튼(Leg of Mutton) 소매(그림 48)가 있다. 또한 기모노(Kimono) 소매(그림 49)는 일본의 기모노에서 유래한 이름으로 몸판이나 한 장으로 연결된 소매이며, 기모노 소매보다 소매 폭이 넓고 소매부리로 갈수록 좁아지는 형태의 돌먼(Dolman) 소매(그림 50)와 목둘레에서 겨드랑이 방향으로 이음선이 있는 소매는 레글런(Raglan) 소매(그림 51)라고 한다.

벨(Bell) 소매(그림 52)는 소매의 실루엣이 소매 부리로 갈수록 종의 모양처럼 넓어지는 소매를 말하며, 캡(Cap) 소매는 소매가 따로 붙어있지 않고 몸판과 연결되어 어깨 끝이 캡을 쓴 것 같은 형태의 소매, 드랍(Drop) 소매(그림 53)는 소매산이 어깨 아래쪽으로 내려온 소매, 슬리브리스(Sleveless) 소매는 소매가 따로 없는 것을 말한다.

| 그림 43 | 그림 44 | 그림 45 | 그림 46 | 그림 47 | 그림 48 |
| 케이프 | 페전트 | 비숍 | 퍼프 | 러플 | 레그 오브 머튼 |

| 그림 49 | 그림 50 | 그림 51 | 그림 52 | 그림 53 |
| 기모노 | 돌먼 | 래글런 | 벨 | 드랍 |

4. 장식을 위한 디테일

의복을 만드는 봉제과정에서 장식을 목적으로 하는 디테일로 주름형 디테일과 비주름형 디테일로 구분할 수 있다.

주름형 디테일은 간격 및 넓이는 다르나 모두 주름지게 장식된 디테일로 여성스럽고 로맨틱한 이미지 연출이 가능하다. 그 종류는 개더(Gather), 셔링(Shirring), 플리츠(Pleats), 프릴(Frill), 러플(Ruffle), 플라운스(Flounce), 턱(Tuck) 등이 있다.
- 개더(Gather): 원단에 스티치를 처리하고 잡아당겨 만든 자연스러운 주름
- 셔링(Shirring): 의복의 일부분에 개더를 여러 줄 장식한 폭이 좁은 자연스러운 주름
- 플리츠(Pleats): 기계나 수작업으로 처리한 주름
- 프릴(Frill): 좁은 단에 개더나 플리츠로 주름을 만든 장식
- 러플(Ruffle): 프릴보다 넓은 형태의 주름
- 플라운스(Flounce): 물결 모양처럼 풍성하게 장식한 주름
- 턱(Tuck): 의복의 겉 부분에 인위적인 주름을 잡아 만든 장식

반대로 비주름형 디테일은 의복 겉 부분에 주름 장식이 아닌 다른 형태의 작업을 통하여 장식한 디테일을 말하는 것으로 그 종류에는 프린징(Fringing), 파고팅(Fagoting), 스모킹(Smocking), 탑 스티칭(Top-Stitching), 파이핑(Piping), 바인딩(Binding), 퀼팅(Quilting), 패치워크(Patch-Work), 컷워크(Cut-Work), 자수(Embroidery), 요꼬(Yoko) 등이 있다.
- 프린징(Fringing): 상·하의의 밑단이나 소매 등에 원단의 올을 풀어 장식한 것
- 파고팅(Fagoting): 원단의 일부를 잘라서 그 사이를 벌려 놓은 후 그 사이에 스트랩이나 비즈 등과 같은 부자재를 사용하여 연결한 장식
- 스모킹(Smocking): 원단 겉부분에 스티치를 하고 실을 당겨 만든 다이아몬드 모양의 주름 장식
- 탑 스티칭(Top-Stitching): 칼라, 포켓, 앞단 위에 스티치를 놓아서 만든 장식
- 파이핑(Piping): 솔기부분에 좁은 폭의 다른 원단을 끼워 박아서 선이 나타나게 하는 장식
- 바인딩(Binding): 칼라, 밑단 등 끝단에 다른 원단을 끼어 둘레를 장식한 것
- 퀼팅(Quilting): 원단의 겉감과 안감 사이에 솜 등을 넣어 누빈 장식

- 패치워크(Patch-Work): 여러 원단 조각을 이어 만든 장식

- 컷워크(Cut-Work): 원단에 구멍을 내어 만드는 장식

- 자수(Embroidery): 기계나 수작업으로 수를 놓아 장식한 것

- 요꼬(Yoko): 니트 편직기인 요꼬 기계에서 제직되는 원단을 칼라나 밑단 등에 장식
  한 것

● 아이템

아이템은 모든 의복 아이템의 총칭으로 크게 착장하는 위치에 따라 상의 아이템과 하의 아이템, 상·하의가 부착된 아이템으로 나눌 수 있으며, 타깃별, 상황별, 이미지별로 분류할 수 있다.

타깃별 분류는 의복을 입는 대상의 성별과 연령 특성 등에 따라 분류한 것으로 성별로는 여성복, 남성복으로 연령별로는 영유아복, 아동복, 주니어복, 영패션, 어덜트패션, 미시복, 미세스복으로 나눌 수 있다. 상황별 분류는 T(Time), P(Place), O(Occasion)에 따른 분류 방법으로 포멀웨어, 캐주얼웨어, 비즈니스웨어, 홈웨어, 스포츠웨어, 타운웨어로 나누어진다. 마지막으로, 이미지별 분류는 패션에 따른 미의식에 따른 분류 방법으로 페미닌(Feminine) 이미지, 에스닉(Ethnic) 이미지, 로맨틱(Romantic) 이미지, 엘레강스(Elegance) 이미지, 캐주얼(Casual) 이미지, 내추럴(Natural) 이미지, 클래식(Classic), 모던(Moder) 이미지 등이 있다.

1. 상의 아이템

1) 블라우스(Blouse) & 셔츠(Shirts)

블라우스는 중세 로마네스크 시대의 복식인 '블리오(Bliaud)'에서 유래된 것으로 여성과 아동용 상의를 뜻하며, 하의 위에 내어 입는 오버(Over)형 블라우스와 안에 넣어 입는 언더(Under)형 블라우스로 구분된다.

블라우스 종류를 살펴보면 다음(그림 1~그림 6)과 같다.
- 캐미솔(Camisole) 블라우스: 소매 없이 좁은 끈으로 어깨에 고정된 스퀘어 네크라인 블라우스
- 홀터(Halter) 블라우스: 소매가 없고 등 부분이 노출되어지고 끈이나 여밈 처리가 목에서 연결된 홀터 네크라인의 블라우스
- 블루종(Blouson) 블라우스: 블라우스 밑단에 고무줄이나 끈을 넣어 조이는 형태로

주로 하의 아이템의 위로 입는 오버 블라우스

- 보우(Bow) 블라우스: 네크라인에 긴 끈처리로 리본처럼 묶거나 리본 장식이 달려있는 블라우스

- 페플럼(Peplum) 블라우스: 허리선에 절개가 있고 그 밑에 러플이나 플라운스로 퍼지게 만든 페플럼 디테일 장식이 있는 블라우스

- 튜닉(Tunic) 블라우스: 엉덩이를 가리는 길이 정도의 롱(long) 블라우스

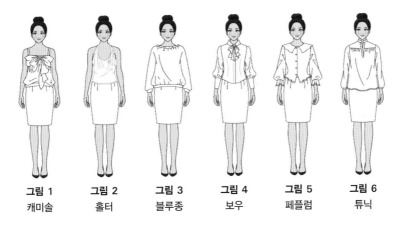

그림 1 캐미솔 **그림 2** 홀터 **그림 3** 블루종 **그림 4** 보우 **그림 5** 페플럼 **그림 6** 튜닉

2) 셔츠(Shirts)

셔츠는 칼라와 커프스가 있고 앞이 트인 남성용 상의를 말하는데, 현대 패션에 있어 성별, 연령에 관계없이 입는 대중적인 아이템으로 자리잡았다. 착용 목적에 따라 정장용, 평상용, 스포츠용으로 구분할 수 있다.

셔츠의 종류는 다음(그림 7~그림 10)과 같다.

- 화이트(White) 셔츠: 와이셔츠라고도 불리는데 네크라인에 밴드와 칼라, 소매단에 커

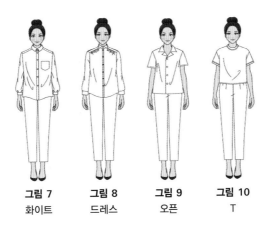

그림 7 화이트 **그림 8** 드레스 **그림 9** 오픈 **그림 10** T

프스가 달려있는 가장 전형적인 정장용 셔츠

- 드레스(Dress) 셔츠: 남성 예장용 셔츠로서 턱시도, 연미복, 모닝 슈트를 입을 때 이너로 착용하는 포멀 셔츠
- 오픈(Open) 셔츠: 성별과 연령에 관계없이 편안하게 입을 수 있는 아이템으로 네크라인에 오픈칼라와 앞단추 여밈인 스포츠 셔츠
- T 셔츠: 소매가 몸판에 직각으로 붙어있어서 소매를 펼치면 T자형이 되어 붙여진 명칭으로 다양한 네크라인과 소매길이 등이 다양하게 디자인된 이너 또는 겉옷 스타일의 셔츠

3) 재킷(Jacket)

겉에 입는 상의의 총칭으로 원래는 남성 전용이었지만 19세기 후반부터 여성복이 등장하여 현대에는 남녀 구분 없이 대중화되었다. 재킷은 그 형태, 용도, 소재 등에 의해서 정장용, 캐주얼용으로 구분할 수 있다. 정장용 재킷은 턱시도(Tuxedo) 재킷, 테일러드(Tailored) 재킷, 샤넬(Channel) 재킷, 카디건(Cardigan) 재킷, 볼레로(Bolero) 재킷, 페플럼(Peplum) 재킷 등이 있으며, 캐주얼용 재킷은 블레이저(Blazer) 재킷, 블루종(Blouson) 재킷, 사파리(Safari) 재킷, 아노락(Anorak) 재킷, 스타디움 점퍼(Stadium Jumper), 다운(Down) 재킷이 있다.

재킷의 종류는 다음(그림 11~그림 22)과 같다.
- 턱시도(Tuxedo) 재킷: 정장용 남성 재킷으로 숄칼라로 디테일된 재킷으로 숄칼라의 소재를 벨벳이나 새틴으로 포인트를 준 재킷
- 테일러드(Tailored) 재킷: 남성용 정장 재킷의 상징으로 라펠이 있는 테일러드 칼라가

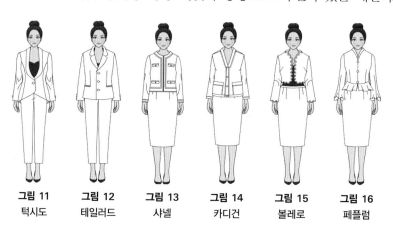

| 그림 11 | 그림 12 | 그림 13 | 그림 14 | 그림 15 | 그림 16 |
| 턱시도 | 테일러드 | 샤넬 | 카디건 | 볼레로 | 페플럼 |

달린 재킷

- 샤넬(Channel) 재킷: 여성용 정장 재킷의 상징으로 칼라는 없으며, 가장 자리에 브레이드와 입술 주머니 장식을 사용한 허리길이 정도의 박스형 재킷
- 카디건(Cardigan) 재킷: 영국의 카디건 백작의 이름에서 유래된 것으로 칼라가 없으며 앞트임에 단추 여밈 장식이 특징인 재킷
- 볼레로(Bolero) 재킷: 스페인의 투우사들이 즐겨 입는 민속풍의 상의에서 유래된 것으로 재킷의 총길이가 허리 위로 위치하는 매우 짧은 형태의 세미 포멀 재킷
- 페플럼(Peplum) 재킷: 허리 밑 부분에 절개를 주어 페플럼으로 장식한 재킷
- 블레이저(Blazer) 재킷: 영국 보트 경기선수의 빨간색 재킷에서 유래된 것으로, 테일러드 칼라 형태에 싱글 혹은 더블 여밈의 금속단추와 앞가슴 포켓의 자수 장식이 특징인 스포츠 재킷
- 블루종(Blouson) 재킷: 허리선 밑단과 소매 밑단 혹은 네크라인 부분에 고무나 밴드, 요꼬 장식 처리로 그 윗부분이 약간 볼록한 점퍼풍 형태의 재킷
- 사파리(Safari) 재킷: 아프리카의 사냥이나 탐험할 때 입었던 기능적인 재킷에서 유래된 것으로 4개의 커다란 주머니와 허리벨트 장식이 특징인 재킷
- 아노락(Anorak) 재킷: 에스키모들이 입던 기능적인 재킷에서 유래된 것으로 후드가 달린 풀오버타입의 포켓과 지퍼 장식이 특징인 스포츠용 재킷
- 스타디움 점퍼(Stadium Jumper): 야구선수의 유니폼 위에 입는 점퍼형 재킷에서 유래된 것으로 허리선, 소매밑단, 네크라인 부분에 고무단 장식과 가슴에 큰 로고와 펜 장식이 특징인 재킷
- 다운(Down) 재킷: 겨울철에 남녀노소 관계없이 많이 입는 오리털을 넣은 퀼팅 재킷

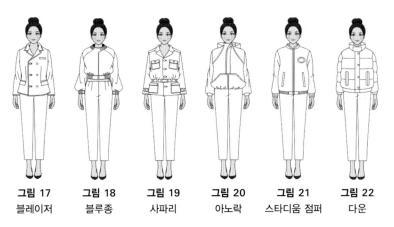

| 그림 17 | 그림 18 | 그림 19 | 그림 20 | 그림 21 | 그림 22 |
| 블레이저 | 블루종 | 사파리 | 아노락 | 스타디움 점퍼 | 다운 |

2. 하의 아이템

1) 스커트(Skirt)

스커트는 길이와 형태에 따라 다양한 디자인으로 표현할 수 있는데 허벅지 정도의 길이부터 발목정도의 길이에 따라 마이크로 미니(Micro Mini) 스커트, 미니(Mini) 스커트, 니랭스(Knee Length) 스커트, 노멀 랭스(Normal Length) 스커트, 미디(Midi) 스커트, 맥시(Maxi) 스커트, 풀 랭스(Full Length) 스커트 순으로 구분할 수 있다. 또한 타이트 (Tight) 스커트를 기본으로 길이, 너비 등의 변화에 따라 그 형태가 다양해지며, 엠파이어(Empire) 스커트, 플리츠(Pleats) 스커트, 서스펜더(Suspender) 스커트, 개더(Gather) 스커트, 티어드(Tiered) 스커트, 벌룬(Balloon) 스커트, 고어(Gored) 스커트, 트럼펫 (Trumpet) 스커트, 플레어(Flared) 스커트, 디바이디드(Divided) 스커트, 랩어라운드 (Wrap-around) 스커트 등이 있다.

스커트의 종류를 살펴보면 다음(그림 23~그림 41)과 같다.

- 마이크로 미니(Micro Mini) 스커트: 허벅지보다 위에 오는 아주 짧은 길이의 스커트
- 미니(Mini) 스커트: 허벅지 정도에 오는 짧은 길이의 스커트
- 니랭스(Knee Length) 스커트: 무릎 정도에 오는 길이의 스커트
- 노멀 랭스(Normal Length) 스커트: 무릎 조금 아래까지 오는 길이의 스커트
- 미디(Midi) 스커트: 미니와 맥시의 중간정도의 길이로 종아리 중간정도 길이의 스커트
- 맥시(Maxi) 스커트: 발목까지 오는 길이의 스커트
- 풀 랭스(Full Length) 스커트: 발목보다 긴 길이의 스커트

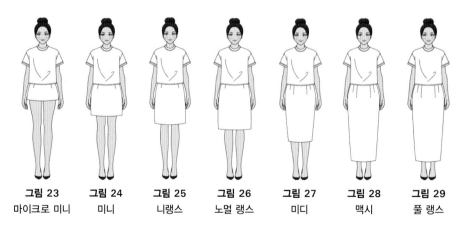

| 그림 23 | 그림 24 | 그림 25 | 그림 26 | 그림 27 | 그림 28 | 그림 29 |
| 마이크로 미니 | 미니 | 니랭스 | 노멀 랭스 | 미디 | 맥시 | 풀 랭스 |

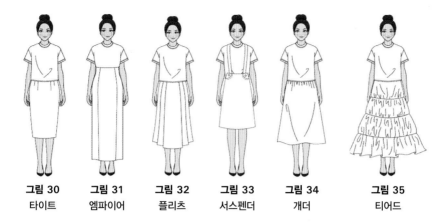

그림 30	그림 31	그림 32	그림 33	그림 34	그림 35
타이트	엠파이어	플리츠	서스펜더	개더	티어드

- 타이트(Tight) 스커트: 기본이 되는 형으로 엉덩이 라인에서 밑단까지 직선인 형태의 스커트
- 엠파이어(Empire) 스커트: 허리선이 5~10cm 정도 위로 하이웨이스트인 직선형 실루엣 스커트
- 플리츠(Pleats) 스커트: 전체적으로 주름 디테일을 가진 스커트
- 서스펜더(Suspender) 스커트: 치마의 허리선에 멜빵 디테일을 첨가한 스커트
- 개더(Gather) 스커트: 자연스런 주름 디테일을 이용한 스커트
- 티어드(Tiered) 스커트: 층마다 주름이나 개더를 넣어 아래로 갈수록 넓어지는 형태의 스커트
- 벌룬(Balloon) 스커트: 밑단에 개더나 주름을 넣어 풍선처럼 부풀린 모양의 스커트
- 고어(Gored) 스커트: 원단을 일정한 삼각형 조각으로 절개해서 여러 폭으로 이어 만든 스커트
- 트럼펫(Trumpet) 스커트: 허리선에서 무릎까지는 몸에 꼭 맞고 무릎 아래를 플레어나 개더 디테일을 넣어 퍼진 나팔 모양의 스커트
- 플레어(Flared) 스커트: 허리 부분은 꼭 맞고 단 쪽으로 내려오면서 플레어 디테일로 인해 자연스럽게 넓혀진 스커트
- 디바이디드(Divided) 스커트: 앞과 뒤 중심에 플리츠가 있어 겉으로는 스커트처럼 보이나 중앙이 나누어진 바지형 스커트
- 랩어라운드(Wrap-around) 스커트: 양끝을 포개어 한 여밈 형태의 랩형 스커트

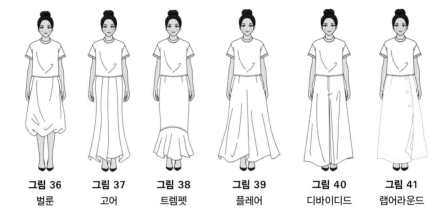

그림 36	그림 37	그림 38	그림 39	그림 40	그림 41
벌룬	고어	트렘펫	플레어	디바이디드	랩어라운드

2) 팬츠(Pants)

팬츠는 길이와 너비에 따라 다양한 형태로 디자인 될 수 있으며, 착장 상황별로 구분할 수 있다.

길이에 따른 팬츠의 종류는 허벅지보다 짧은 길이부터 발목까지의 길이에 따라 보이 쇼츠(Boy Shorts) 팬츠, 자메이카(Jamaica) 팬츠, 버뮤다(Bermuda) 팬츠, 니랭스(Knee Length) 팬츠, 페달 푸셔(Pedal Pushers) 팬츠, 크롭(Cropped) 팬츠, 카프(Calf) 팬츠, 카프리(Capri) 팬츠, 클래식(Classic) 팬츠 순으로 구분할 수 있다. 또한 너비에 따른 팬츠의 종류는 피티드(Fitted) 팬츠부터 슬림(Slim) 팬츠, 스트레이트(Strait) 팬츠, 테이퍼드(Tapered) 팬츠, 벨 보텀즈(Bell Bottoms), 팔라초(Palazzo) 팬츠 등이 있으며, 착장 상황에 따라 턱시도(Tuxedo) 팬츠, 사브리나(Sabrina) 팬츠, 하렘(Harem) 팬츠, 부츠 컷(Boots-Cut) 팬츠, 카고(Cargo) 팬츠 등으로 나눌 수 있다.

팬츠의 종류를 살펴보면 다음(그림 42~그림 56)과 같다.

- 보이 쇼츠(Boy Shorts) 팬츠: 밑위에서 3~4cm 정도만 내려오는 아주 짧은 길이의 반바지
- 자메이카(Jamaica) 팬츠: 허벅지 중간 길이의 반바지
- 버뮤다(Bermuda) 팬츠: 무릎 위정도 길이의 다리에 밀착되는 통이 좁은 반바지
- 니랭스(Knee Length) 팬츠: 무릎길이의 팬츠
- 페달 푸셔(Pedal Pushers) 팬츠: 무릎과 발목사이 길이의 팬츠

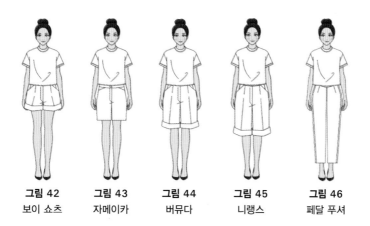

그림 42	그림 43	그림 44	그림 45	그림 46
보이 쇼츠	자메이카	버뮤다	니랭스	페달 푸셔

- 크롭(Cropped) 팬츠: 발목과 무릎사이 길이의 팬츠
- 카프(Calf) 팬츠: 크롭 팬츠의 한 종류로 무릎아래 10cm정도 길이의 팬츠
- 카프리(Capri) 팬츠: 발목 바로 윗부분까지 오는 길이의 슬림한 팬츠
- 클래식(Classic) 팬츠: 발목까지 오는 길이의 팬츠
- 피티드(Fitted) 팬츠: 스타킹처럼 몸에 밀착되는 너비의 팬츠

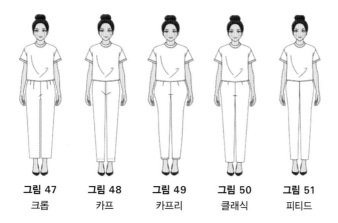

그림 47	그림 48	그림 49	그림 50	그림 51
크롭	카프	카프리	클래식	피티드

- 슬림(Slim) 팬츠: 허리부터 직선형으로 내려오되 밑단 쪽으로 갈수록 좁아지는 팬츠
- 스트레이트(Strait) 팬츠: 팬츠 너비 즉, 폭이 좁은 직선형 팬츠
- 테이퍼드(Tapered) 팬츠: 허리와 엉덩이 부분은 여유가 있으나 팬츠 밑단으로 갈수록
  점차 폭이 자연스럽게 좁아지는 긴 팬츠
- 벨 보텀즈(Bell Bottoms) 팬츠: 무릎에서 팬츠 밑단 라인까지 플레어지는 형태의 팬츠
- 팔라초(Palazzo) 팬츠: 엉덩이 라인부터 밑단까지 바지폭에 넓은 플레어가 있는 폭이
  넓은 팬츠

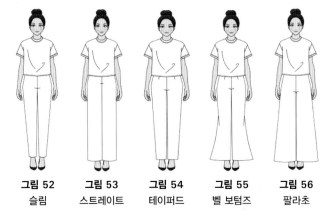

그림 52
슬림

그림 53
스트레이트

그림 54
테이퍼드

그림 55
벨 보텀즈

그림 56
팔라초

3. 상·하의가 부착된 아이템의 종류 및 분류

상의와 하의 부착형 아이템은 원피스 드레스(One-Piece Dress)와 코트(Coat)가 가장 대표적이며 허리선, 길이와 너비, 착장 상황에 따라 분류되어진다.

1) 원피스 드레스(One-Piece Dress)

원피스 드레스는 상의와 스커트가 하나로 이어진 원피스형 드레스를 지칭하는 것으로 허리선의 위치와 실루엣, 용도에 따라 다양한 원피스 드레스를 구분할 수 있다.

허리선 위치에 따른 원피스 드레스 종류는 프린세스(Princess) 원피스 드레스, 드롭 웨이스트(Drop Waist) 원피스 드레스, 엠파이어(Empire) 원피스 드레스 등이 있으며, 착장 상황에 따른 원피스 드레스 종류는 스트랩리스(Strapless) 원피스 드레스, 시스(Sheath) 원피스 드레스, 점퍼(Jumper) 원피스 드레스, 셔츠 웨이스트(Shirts Waist) 원피스 드레스, 칵테일(Cocktail) 원피스 드레스, 이브닝(Evening) 원피스 드레스 등이 있다.

원피스 드레스의 종류를 살펴보면 다음(그림 57~그림 65)과 같다.

- 프린세스(Princess) 원피스 드레스: 프린세스 라인이 있는 여성스러운 원피스 드레스
- 드롭 웨이스트(Drop Waist) 원피스 드레스: 허리 절개선이 엉덩이 쪽으로 내려간 로우 웨이스트(Low Waist)라인 원피스 드레스
- 엠파이어(Empire) 원피스 드레스: 허리선이 가슴 바로 밑까지 높게 올라온 하이웨이스트(High Waist)라인 원피스 드레스

- 스트랩리스(Strapless) 원피스 드레스: 끈 없는 상의의 피트 실루엣 정장용 원피스 드레스
- 시스(Sheath) 원피스 드레스: 직선형의 좁은 실루엣으로 허리 절개선 대신 다트로 체형선에 맞게 피트 시킨 정장용 원피스 드레스

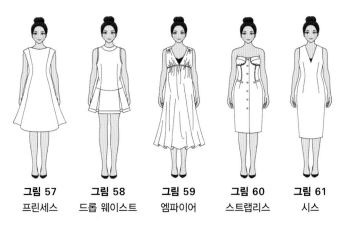

그림 57 | **그림 58** | **그림 59** | **그림 60** | **그림 61**
프린세스 | 드롭 웨이스트 | 엠파이어 | 스트랩리스 | 시스

- 점퍼(Jumper) 원피스 드레스: 소매와 칼라가 없고 목둘레가 많이 파인 캐주얼 원피스 드레스
- 셔츠 웨이스트(Shirts Waist) 원피스 드레스: 셔츠의 길이가 긴 스포티한 느낌의 원피스
- 칵테일(Cocktail) 원피스 드레스: 칵테일파티에 참석할 때 입는 짧은 파티용 드레스
- 이브닝(Evening) 원피스 드레스: 이브닝 파티에 참석할 때 입는 길고 화려한 파티용 드레스

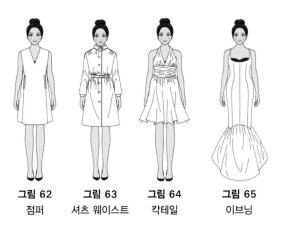

그림 62 | **그림 63** | **그림 64** | **그림 65**
점퍼 | 셔츠 웨이스트 | 칵테일 | 이브닝

2) 코트(Coat)

코트는 옷 위에 착용하는 겉옷의 총칭으로 '겉옷' 혹은 '외투'를 의미하는데, 17세기 중반쯤 불리기 시작하여 19세기에는 오버코트로서 겉옷화되었다. 계절감에 따른 아이템으로 방한, 방풍, 방우 등을 목적으로 착용되며 그 길이, 실루엣, 용도에 따라 다양한 코트의 종류로 구분되어진다.

코트 길이에 따른 종류에는 케이프(Cape) 코트, 토퍼(Topper) 코트, 맥시(Maxi) 코트, 너비에 따른 종류에는 프린세스(Princess) 코트, 배럴(Barrel) 코트, 텐트(Tent) 코트, 박스(Box) 코트 등이 있다. 또한 포멀 및 캐주얼 등 상황에 따라 체스터필드(Chesterfield) 코트, 폴로(Polo) 코트, 랩(Wrap) 코트, 트렌치(Trench) 코트, 더플(Duffle) 코트로 구분할 수 있다.

코트의 종류를 살펴보면 다음과 같다(그림 66~그림 77).

- 케이프(Cape) 코트: 소매가 없이 진동둘레에 트임이 있는 헐렁한 삼각형 형태의 짧은 길이 코트
- 토퍼(Topper) 코트: 케이프 코트보다는 조금 긴 길이, 오버코트보다는 짧은 길이의 심플한 코트
- 맥시(Maxi) 코트: 코트의 길이가 발목까지 오는 길이의 긴 코트
- 프린세스(Princess) 코트: 프린세스 코트는 프린세스 라인이 있는 몸에 딱 맞는 스타일의 코트
- 배럴(Barrel) 코트: 몸통 부분이 볼록하고 밑단이 약간 좁은 모양의 코트
- 텐트(Tent) 코트: 전체적인 형태가 피라밋의 형태로 점점 밑단과 소매단으로 갈수록 넓어지는 삼각형 형태의 코트

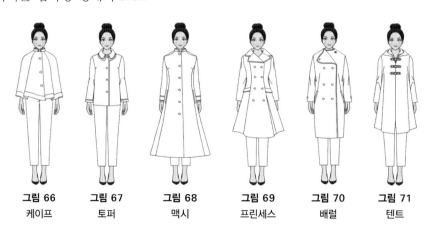

| 그림 66 | 그림 67 | 그림 68 | 그림 69 | 그림 70 | 그림 71 |
| 케이프 | 토퍼 | 맥시 | 프린세스 | 배럴 | 텐트 |

- 박스(Box) 코트: 어깨부터 밑단까지 동일한 넉넉한 품을 유지하며 직선으로 내려오는 직사각형 모양의 코트
- 체스터필드(Chesterfield) 코트: 19C 영국의 체스터필드 백작이 입었던 코트에서 유래된 것으로 싱글 혹은 더블 여밈과 칼라와 소매단, 주머니 등에 검정색의 벨벳으로 배색이 특징인 허리가 약간 들어간 실루엣의 정장용 코트
- 폴로(Polo) 코트: 스포츠 경기에서 관전용으로 입기 시작한 싱글 혹은 더블 여밈에 주머니와 단추가 특징인 박스형의 코트
- 랩(Wrap) 코트: 앞단에 단추 없이 서로 겹치게 허리끈으로 묶어서 여미는 스타일의 코트
- 트렌치(Trench) 코트: 1차 세계대전 말기에 영국 육군인들이 참호(Trench) 전용으로 입었던 레인 코트에서 유래한 것으로 세미 포멀 형태의 코트
- 더플(Duffle) 코트: 모자가 달려있으며 단추 대신 토글과 가죽 끈 장식이 특징인 두껍고 거친 모직 군용 코트

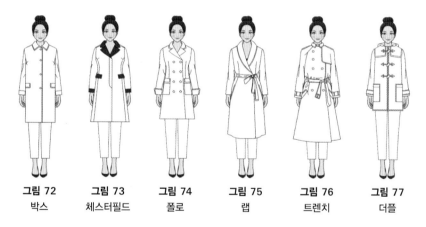

| 그림 72 | 그림 73 | 그림 74 | 그림 75 | 그림 76 | 그림 77 |
| 박스 | 체스터필드 | 폴로 | 랩 | 트렌치 | 더플 |

4. 액세서리

패션 아이템에는 의복뿐만이 아니라 액세서리도 포함이 된다. 액세서리는 크게 소품류와 장신구류로 구분되는데 소품류는 모자, 가방, 신발, 벨트, 장갑 등이 있으며, 장신구류는 귀걸이, 목걸이, 팔찌, 반지 등이 있다.

이러한 액세서리는 종류와 착용방법에 따라 스타일링 방향이 달라짐으로 우선 T.P.O에 알맞아야 하며, 의복과 메이크업의 컬러와 조화시키는 것이 중요하다.

1) 모자

머리에 덮어쓰는 것의 총칭으로 기능적, 장식적 효과를 얻을 수 있는 아이템이다. 모자는 크게 크라운에 브림(Brim)이 붙은 햇(Hat)과 머리 모양에 따라 꼭 맞게된 브림(Brim)이 없는 캡(Cap), 그리고 야외 스포츠 시 충격으로부터 머리를 보호하기 위한 헬멧(Helmet)으로 구분할 수 있다. 모자는 얼굴형과의 연관성이 매우 크므로 작은 얼굴형은 챙이 좁은 모자(그림 78~80), 큰 얼굴형은 챙이 넓은 모자(그림 81~83)를 선택하는 것이 알맞다. 그 외 머리 모양, 체형, 의복과의 전체적인 조화와 계절, 장소, 목적 등을 고려하여 스타일링 하여야 한다.

그림 78	**그림 79**	**그림 80**	**그림 81**	**그림 82**	**그림 83**
소프트 햇	클로슈 햇	아이비 캡	스트로우 햇	썬 캡	베이스볼 캡

2) 가방

가방은 소지품을 휴대하기 위한 목적으로 고안된 것으로 형태와 상황에 따라 구분되어진다.

형태에 따른 가방의 종류는 핸드백(Hand Bag)(그림 84), 숄더백(Shoulder Bag)(그림 85), 러스크 색(Rusk Sack)(그림 86), 캐리백(Carry Bag)(그림 87) 등으로 나눌 수 있으며, 상황에 따라서는 정장용과 캐주얼용, 스포츠용, 여행용, 업무용 등으로 분류되는데 사용 용도와 함께 라이프 스타일, 체형 등을 고려하여 가방의 형태를 선택하는 것이 중요하다.

그림 84	**그림 85**	**그림 86**	**그림 87**
핸드백	숄더백	러스크 색	캐리백

3) 신발

신발은 발을 감싸고 걷는데 쓰이는 것으로 발의 보호와 장식의 목적으로 사용된다. 신발은 형태에 따라 슈즈(Shoes)(그림 88), 샌들(Sandal)(그림 89), 부츠(Boots)(그림 90)로 크게 구분할 수 있으며, 착용하는 의복의 이미지와 컬러, 유행, 체형의 장단점을 고려하여 선택해야 한다.

그림 88
슈즈

그림 89
샌들

그림 90
부츠

4) 장갑

장갑은 손을 보호하기 위한 기능성과 장식성으로 구분할 수 있으며, 상황에 따라 예장용, 레저용, 작업용으로 나눌 수 있다. 또한 손가락의 구분에 따라 크게 글러브(Glove)(그림 91), 미튼(Mitten)(그림 92)으로, 장갑의 전체 길이에 따라 슬립온(Slip-On)(그림 93), 쇼티(Shortie)(그림 94), 암랭스(Arm Length)(그림 95)로 구분할 수 있다.

그림 91
글러브

그림 92
미튼

그림 93
슬립온

그림 94
쇼티

그림 95
암랭스

5) 벨트

벨트는 허리를 조여 실루엣을 정리하고 버클을 사용하여 고정하는 것으로, 형태 및 위치에 따라 로우-슬렁(Low-slung) 벨트(그림 96)와 힙본(Hipbon) 벨트(그림 97), 커브(Curve) 벨트(그림 98) 등으로 구분할 수 있다.

벨트의 폭과 재료, 버클 장식에 따라 다양한 연출 효과를 얻을 수 있는데, 체형에 따라 벨트의 폭과 길이를 알맞게 선택해야 한다.

그림 96
로우-슬렁

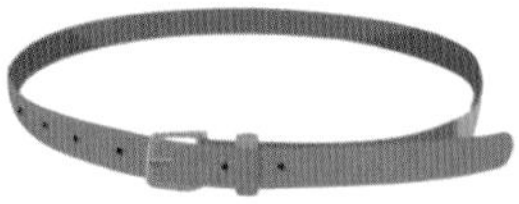

그림 97
힙본

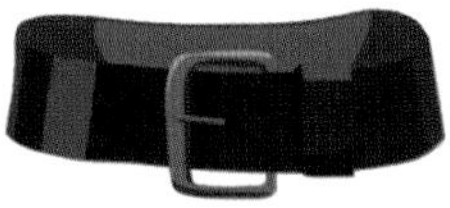

그림 98
커브

6) 네크웨어

네크웨어는 목주위에 착용하는 것으로 목을 보호하는 기능적 효과와 장식적 효과를 가질 수 있다.

길이에 따라 머플러(Muffler)(그림 99), 스카프(Scarf)(그림 100), 스톨(Stole)(그림 101), 숄(Shawl)(그림 102)로 구분되어진다.

그림 99
머플러

그림 100
스카프

그림 101
스톨

그림 102
숄

7) 목걸이

목걸이는 목에 걸거나 감는 형태의 장신구로 의복의 단조로움을 없애주며, 의복과 밀접한 관계를 갖는다. 길이에 따라 초커(Choker), 프린세스(Princess), 마티네(Matinee), 오페라(Opera), 로프(Lope)로 구분되어지는데 체형 및 목의 길이와 굵기에 따라 고려해야 한다.

긴 목(그림 103)은 초커, 짧거나 굵은 목(그림 104)인 경우는 긴 목걸이가 알맞으며, 가슴이 큰 체형(그림 105)은 가슴선보다 짧은 길이를 선택하여 스타일링 하여야 한다.

그림 103
긴 목인 경우

그림 104
짧은 목·굵은 목인 경우

그림 105
가슴이 큰 경우

8) 귀걸이

귀걸이는 귀에 걸거나 고정시키는 형태의 장신구
의 총칭으로 얼굴형의 단점 보완에 좋은 아이템
이다. 얼굴형, 피부색, 의복스타일, 헤어스타일을
고려해야하며, 고정방식에 따라 귓불에 고정시키
는 형태의 버튼형(Button)(그림 106), 커다란 링
모양 형태의 후프형(Hoop)(그림 107), 귓불에 매
달려 흔들거리는 형태의 댕글형(Dangle) 또는
드롭형(Drop)(그림 108)으로 구분할 수 있다.

그림 106
버튼형

그림 107
후프형

그림 108
댕글형

9) 팔찌

팔찌는 손이나 팔에 끼우는 형태의 장신구로 착용위치에 따라 손목에 끼는 암링
(Armring)(그림 109), 폭넓은 형태의 뱅글(Bangle)(그림 110), 팔 위쪽에 끼는 암렛
(Armlet)(그림 111)으로 구분된다.

그림 109
암링

그림 110
뱅글

그림 111
암렛

10) 반지

반지는 손가락에 끼는 장신구로, 제작된 재료에 따라 보석 반지, 패션 반지로 구분할 수 있으며, 형태에 따른 반지의 종류에는 끊어진 부분이 없는 둥근형의 밴드형(Band)(그림 112), 보석장식이 1개 붙어있는 솔리테르형(Solitaire)(그림 113), 여러 개의 보석이나 보조 장식이 있는 가드형(Guard)(그림 114) 등이 있다.

반지는 보석의 컬러가 피부, 의복 및 매니큐어의 컬러와도 잘 조화될 수 있도록 고려하여 스타일링 해야 한다.

그림 112
밴드형

그림 113
솔리테르형

그림 114
가드형

CHAPT

색채에 따른 스타일링

ER 3

1. 색의 3속성

색은 빛이 눈에 들어와 시신경을 자극하여 뇌의 시각중추에 전달함으로써 생기는 감각으로 색상, 명도, 채도의 3속성을 가진다.

1) 색상

색상은 빨강, 노랑, 녹색, 파랑 등의 다른 색과 구별되는 고유의 성질을 말한다. 색상은 무채색과 유채색으로 구분할 수 있는데 무채색(그림 1)은 색기미가 전혀 없이 밝고 어두움만을 갖고 있는 색으로 흰색, 회색, 검정색이다. 유채색은 무채색을 제외한 모든 색을 말한다(그림 2).

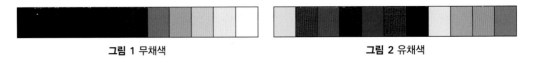

그림 1 무채색　　　　　　　　　　　　　　　**그림 2 유채색**

2) 명도

명도는 색의 밝고 어두운 정도를 말하는 것으로 유채색, 무채색 모두 갖고 있다. 밝은 색일수록 명도가 높아지며, 어두운 색일수록 명도는 낮아진다.

3) 채도

채도는 색의 맑고 탁한 정도를 말하는 것으로 유채색에만 있다. 색상에서 무채색이 포함되지 않은 색을 순색이라고 하며, 무채색이 섞일수록 채도는 낮아진다.

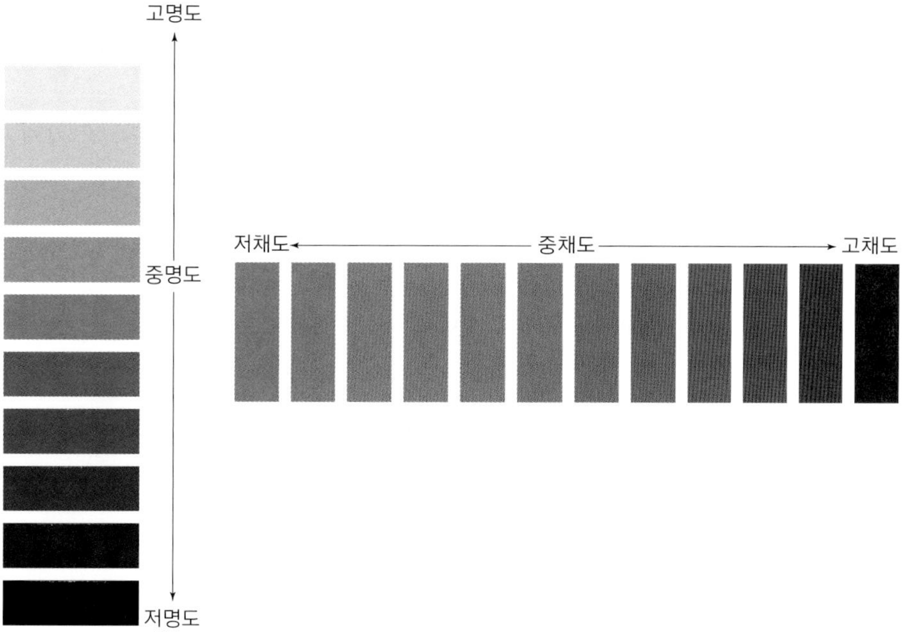

그림 3 명도와 채도

2. 먼셀의 색체계

먼셀의 색체계는 미국의 화가, 미술교사였던 먼셀(Munsell)이 1905년에 색상, 명도, 채도의 3속성에 따른 체계로 고안된 것으로 우리나라의 표준 색체계이며 국제적으로도 널리 사용되고 있다. 1929년에 색표집(The Munsell Book of Color)으로 출판되었는데 미국 광학회에서 먼셀표색계의 모든 색표를 측색해본 결과 색이 불균등하게 나타나 1945년 균등성을 가질 수 있도록 수정되어 수정 먼셀표색계를 발표하였다.

1) 색상(HUE)

색상은 휴(HUE)라고 부르며 5가지 기준색상(5R, 5Y, 5G, 5B, 5P)과 그것을 혼합한 5가지 중간색상(5YR, 5GY, 5BG, 5PB, 5RP)으로 먼셀의 10색상환(그림 4)이 구성된다. 먼셀의 10색상환을 다시 2등분하여 중간색상을 만들어 배열한 것이 먼셀의 20색상환(그림 5)이다.

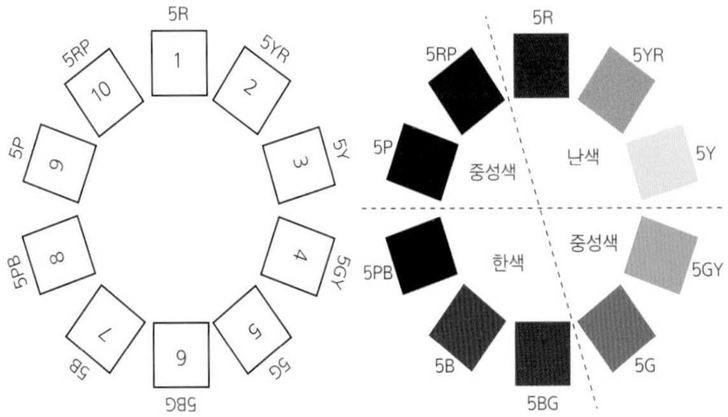

그림 4 먼셀의 색체계

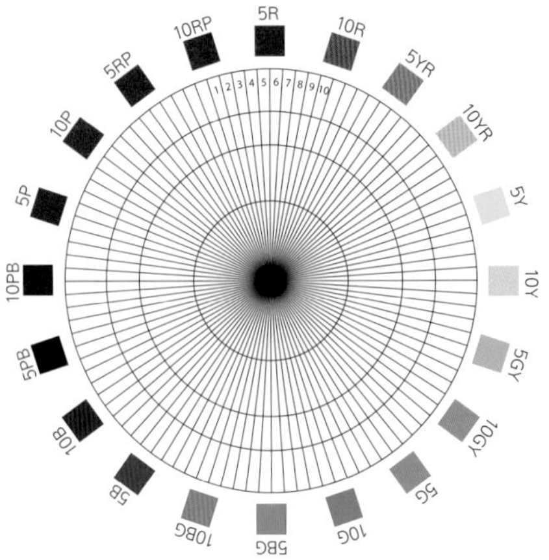

그림 5 먼셀의 20색상환

2) 명도(VALUE)

명도는 밸류(VALUE)라고 부르며, 저명도의 완전한 검정색 0부터 고명도의 완전한 흰색 10까지, 11단계로 구성된다. 숫자가 커질수록 고명도로 밝아지며, 숫자가 작아질수록 저명도로 어두워진다.

3) 채도(CHROMA)

채도는 크로마(CHROMA)라고 불리며, 무채색 0에서 순색까지 14단계로 구성되는데 먼셀색체계의 색상에 따른 채도 단계는 규칙적이지 않다. 숫자가 커질수록 고채도가 되어 맑아지고, 숫자가 작을수록 저채도가 되어 탁해진다.

4) 먼셀의 색입체

먼셀의 색입체는 색의 3속성에 의해 체계적이게 배열하여 입체적으로 만든 구조체이다 (그림 6).

　가로는 채도 단계, 세로는 명도단계, 색상은 원둘레로 배열되었는데 색상에 따른 채도 단계가 불규칙하여 일그러진 구의 형태를 지니고 있다.

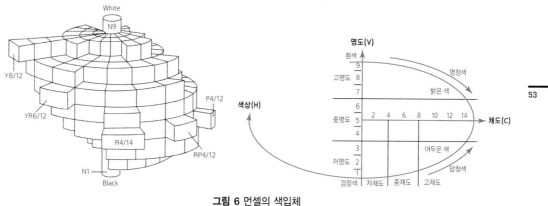

그림 6 먼셀의 색입체

5) 먼셀 색체계의 표기방법

색상(HUE) 명도(VALUE) / 채도(CROMA) 순으로 표기한다. 예를 들어 H V/C → 5P 3/10이라면 5P는 색상, 3은 명도, 10은 채도를 뜻하며 "5P 3의 10"이라고 읽는다.

3. 요하네스 이텐의 색상환

요하네스 이텐의 색상환(그림 7)은 스위스의 화가·조각가인 요하네스 이텐이 색료의 3원색을 이용하여 개발하였다. 1차색을 색료의 3원색 마젠타(Magenta), 시안(Cyan), 옐로(Yellow)로 구성하고 중간색상인 2차색과 3차색으로 등분하여 12색상환이 구성된다.

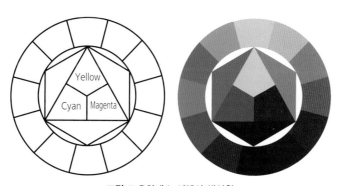

그림 7 요하네스 이텐의 색상환

4. 톤(TONE)

톤은 색조라고도 하며, 색의 3속성인 색상, 명도, 채도 중 명도와 채도를 합친 개념이다. 이는 색입체의 등색상단면을 적당한 영역으로 구분한 개념으로 도식화는 가능하나 실제 사용에서 3속성에 의한 배색은 복잡하다. 색상과 톤의 시스템화를 통해 배색 활용을 평면적이게 다룰 수 있어 디자인 분야에서 자주 사용된다.

톤은 1964년 일본색채연구소가 발표한 PCCS(Practical Color Coordinate System)와 우리나라 산업자원부에서 개발한 HUE&TONE 120가 있다.

1) PCCS(Practical Color Coordinate System)

PCCS(그림 8)는 일본색채연구소에서 색채조화를 목적으로 하여 개발된 일본색채연구 배색 체계이다. 색지각의 기본적 특성을 색상, 명도, 채도로 구성하였으며, 명도와 채도의 복합 개념인 톤을 중심으로 12단계로 분류된다.

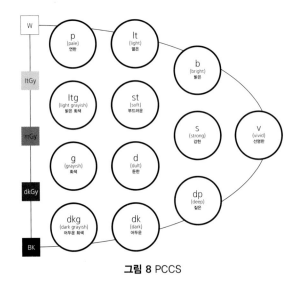

그림 8 PCCS

2) HUE & TONE 120

HUE & TONE 120은 우리나라 산업자원부의 산업기반기술개발산업의 일환으로 개발된 색체계이다.

일본의 PCCS, 스웨덴의 NCS 등에서 개발된 색상과 색조체계를 우리나라 사람들의 감

각에 맞게 제작된 것으로 명도와 채도의 복합 개념인 톤을 중심으로 하여 총 11단계로
분류되었다.

(1) 비비드 톤(Vivid Tone)

비비드 톤은 '선명한, 강한, 적극적인'의 뜻으로, 모든 톤의 기준이 되는 가장 선명한 톤
이다. 채도가 가장 높아서 화려하고 역동적인 이미지를 표현할 수 있으며, 캐주얼, 스포
티브, 팝 이미지에 어울린다.

(2) 브라이트 톤(Bright Tone)

브라이트 톤은 '명랑한, 깨끗한, 밝은'의 뜻으로, 비비드 톤에 약간의 흰색이 섞인 톤이다.
밝고 화려한 느낌의 포멀 웨어나 유희적 이미지 표현에 알맞다.

(3) 페일 톤(Pale Tone)

페일 톤은 '부드러운, 가벼운, 섬세한'의 뜻으로, 브라이트 톤보다 흰색의 양이 더 많이 첨
가된 톤이다. 부드럽고 여성스러운 페미닌 이미지를 연출하기에 알맞다.

(4) 베리 페일 톤(Very Pale Tone)

베리 페일 톤은 '깨끗한, 매우 연한, 여린'의 뜻으로, 페일 톤 보다 흰색의 양이 더 많이
포함된 톤으로 가장 밝고 연한 톤이다. 매우 여리고 사랑스런 로맨틱 이미지 표현이 가능
하다.

(5) 딥 톤(Deep Tone)

딥 톤은 '진한, 강한, 깊은, 충실한'의 뜻으로, 비비드 톤에 검은색이 섞여서 명도와 채도
가 낮고 짙은 톤이다. 깊이감 있는 고급스러운 이미지와 매니시, 시크 등의 이미지에 알
맞다.

(6) 다크 톤(Dark Tone)

다크 톤은 '무거운, 보수적인, 견고한'의 뜻으로, 딥 톤보다 검은색이 더 섞인 어두운 톤
을 말한다. 어두운 톤이 지닌 전통적이고 중후한 이미지로 클래식, 매니시 이미지 표현이
가능하다.

(7) 스트롱 톤(Strong Tone)

스트롱 톤은 '선명한, 활력 있는, 적극적인'의 뜻으로, 비비드 톤에 회색이 조금 섞인 톤으로 선명하고 강한 톤이다. 비비드 톤 보다는 덜 강하지만 선명한 색상으로 적극적이고 역동적인 캐주얼이나 스포티브 이미지 연출에 알맞다.

(8) 라이트 톤(Light Tone)

라이트 톤은 '밝은, 산뜻한, 부드러운'의 뜻으로, 스트롱 톤에 연한 회색이 섞여 밝고 온화한 내추럴 이미지를 준다.

(9) 라이트 그레이시 톤(Light Grayish Tone)

라이트 그레이시 톤은 '흐릿한, 안개 낀, 차분한'의 뜻으로, 라이트 톤보다 연한 회색이 더 섞여 보다 안정감을 주며 지적이고 차분한 이미지 표현이 가능하다.

(10) 덜 톤(Dull Tone)

덜 톤은 '고상한, 평온한, 점잖은'의 뜻으로, 스트롱 톤에 짙은 회색이 섞인 톤이다. 색감이 강하지는 않으나 무게감 있고 고상한 이미지를 준다.

(11) 그레이시 톤(Grayish Tone)

그레이시 톤은 '지적인, 어두운, 칙칙한'의 뜻으로, 회색이 가진 침착하고 차분한 이미지가 표현되는 저채도의 안정감이 있는 톤이다. 묵직함과 지적인 이미지 표현에 효과적이다.

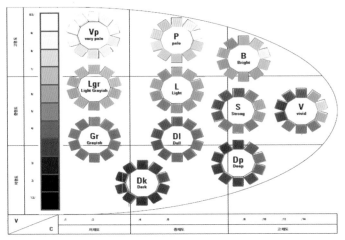

그림 9 HUE & TONE 120

색의
연상과
상징

1. 색의 연상과 상징의 개념

색의 연상은 어떤 것을 보거나 듣거나 생각하는 행위를 통해 그것과 연관이 있는 사건이나 경험을 떠올리는 것을 말한다. 사회적·문화적 배경에 따라 동일한 색을 보아도 그 연상은 차이가 있을 수 있으며, 연상은 현실의 사물에 이어지는 구체적인 연상과 정신적 개념으로 연결되는 추상적인 연상으로 구분된다.

추상적인 개념과 연관된 색의 연상을 상징이라고 하는데 즉, 상징은 보이지 않는 추상적 관념이나 현상을 형태나 색을 가진 것으로 직감적으로 알기 쉽게 내는 것으로 색의 연상과 관련성이 높다. 배색 시에는 전체의 테마, 목적, 용도에 따라 색의 연상 및 상징을 고려하여 활용하여야 한다.

색이 갖고 있는 연상과 상징은 다음과 같다.

표 1 색의 연상과 상징

색상	이미지	색의 연상(구체적 연상)	색의 상징(상징적 연상)
레드 (Red)		태양, 불, 포도주, 팥죽, 레드카드	신성함, 권위, 신통력, 열정, 혁명, 자유, 정지, 위험, 금지
옐로 (Yellow)		스마일, 황금, 옐로 카드	활동성, 유쾌함, 행복함, 부, 질투, 배신, 경고
그린 (Green)		숲, 새싹, 완두콩, 수박	신선함, 희망, 평화, 행복, 청춘, 힐링, 미숙함, 초보

(계속)

색상	이미지	색의 연상(구체적 연상)	색의 상징(상징적 연상)
블루 (Blue)		바다, 하늘, 물	진취, 젊음, 신선, 귀족, 우울, 시원함, 차가움, 지시
퍼플 (Purple)		제비꽃, 포도, 라일락	신비, 고귀, 성스러움, 참회, 창조
화이트 (White)		국화, 웨딩드레스, 눈, 얼음	순결, 성스러움, 순수, 결백, 행운
블랙 (Black)	© Gertan / Shutterstock.com	밤, 숯, 검은 넥타이, 상복	침묵, 죽음, 어둠, 공포, 침체, 모던

2. 색의 감정

1) 색의 온도감

색의 영향으로 온도가 다르게 느껴지는 감정을 말하는 것으로 레드, 오렌지, 옐로 색상은 난색으로 따뜻한 느낌을 주며 반대로 블루, 네이비 색상은 한색으로 차가운 느낌을 준다.

2) 색의 거리감

색의 영향으로 거리감이 다르게 느껴지는 감정으로 색의 온도감과 비례한다. 즉, 난색은 진출색이고 한색은 후퇴색으로 난색이 더 가깝게 느껴진다. 명도의 경우 고명도 색이 저명도 색보다 가까워 보이며, 채도의 경우는 고채도 색이 저채도 색보다 가까워 보인다.

3) 색의 대소감

색에 따라 동일한 면적이 다르게 느껴지는 감정으로 색의 대소감은 거리감에 비례한다. 난색은 실제보다 크게, 한색은 실제보다 작게 보이게 되며 고명도의 색이 저명도의 색보다 크게 보여진다.

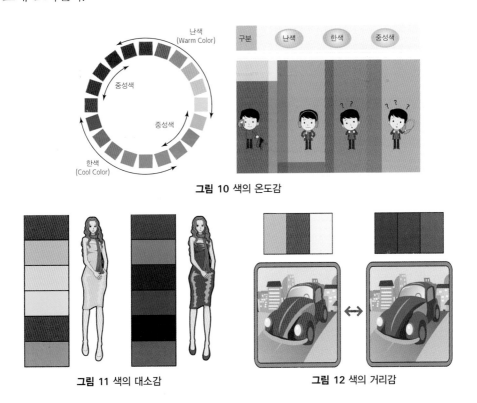

그림 10 색의 온도감

그림 11 색의 대소감   **그림 12** 색의 거리감

4) 색의 경연감

색의 명도나 채도의 영향으로 딱딱함과 부드러움이 다르게 느껴지는 감정으로 저명도, 고채도의 색들은 딱딱한 느낌을 주고, 고명도, 저채도의 색들은 부드러운 느낌을 준다. 따라서 강하거나 무거운 느낌을 표현하고자 할 때는 저명도, 고채도의 색을 사용하고 반대로 부드럽고 가벼운 느낌을 표현하고자 할 때는 고명도, 저채도의 색들을 사용하면 효과적이다.

5) 색의 속도감

색의 채도에 따라 같은 환경 안에서 서로 다른 시간성 및 속도감을 느낄 수 있다. 속도감은 거리감과 비례하는데 난색이 한색보다 진출되는 느낌이 들어 속도감이 빨라 보인다. 명도의 경우 저명도 보다 고명도가 가벼운 느낌이 들어 속도감이 빨라 보이며, 채도는 고채도일수록 속도감이 빨라 보인다.

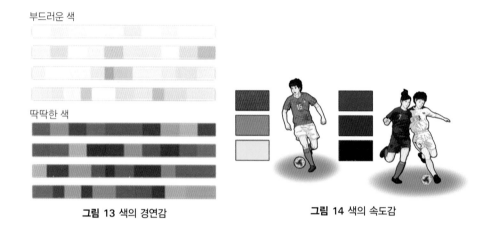

그림 13 색의 경연감   그림 14 색의 속도감

● 배색

배색은 두 가지 색상을 서로 배치하는 것으로 스타일링에 있어 매우 중요하다. 배색은 색상뿐만이 아니라 명도, 채도 등 색의 3속성을 고려하여 조화롭게 구성되어야 하며, 테마와 목적, 용도 등에 알맞게 이루어져야 한다.

배색을 할 때에는 먼셀의 색상환과 HUE & TONE 120을 활용하며, 색상과 톤을 이용하여 동일, 유사, 대조의 배색으로 구분할 수 있다.

1. 색상에 의한 배색

1) 동일 색상 배색

색상이 동일하고 명도나 채도의 차이가 다른 배색으로 안정적이고 차분한 느낌을 주어 클래식 이미지나 모던 이미지 표현에 알맞다.

2) 유사 색상 배색

명도와 채도 차이에 따른 배색으로 작은 색상 차이로 인해 안정적이고 친근한 이미지를 줄 수 있다.

3) 대조 색상 배색

색상의 차이가 커서 서로의 색상이 강조되어 전체적으로 강하고 동적인 느낌을 줄 수 있다. 캐주얼(Casual)이나 스포티브(Sportive) 이미지 표현에 사용하면 효과적이다.

2. 톤에 의한 배색

1) 동일 톤 배색

톤이 동일한 것으로 각각의 톤의 이미지가 정확하게 표현된다. 톤이 가지고 있는 일관된 이미지 표현을 특징적으로 사용할 수 있다.

2) 유사 톤 배색

톤이 비슷한 색끼리의 배색으로 통일감과 안정감을 준다.

3) 대조 톤 배색

톤의 차가 큰 배색으로 이미지가 서로 대립적인 관계에 있는 톤의 조화이다. 자칫 부조화를 불러일으킬 수 있으므로 색상은 톤의 차를 줄일 수 있는 동일 색상이나 유사 색상으로 배색하는 것이 알맞다.

3. 동일 색상에 따른 톤 배색

1) 동일 색상 유사 톤 배색

동일한 색상에서 톤의 차가 작은 배색으로 통일감을 줄 수 있다(그림 15).

2) 동일 색상 대조 톤 배색

동일한 색상에서 톤의 차가 큰 배색으로 강한 느낌이 표현된다(그림 16).

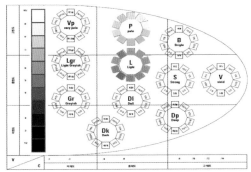
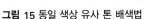

그림 15 동일 색상 유사 톤 배색법

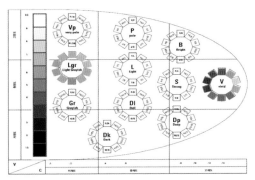

그림 16 동일 색상 대조 톤 배색법

63

4. 유사 색상에 따른 톤 배색

1) 유사 색상 동일 톤 배색

색상의 차이가 크지 않아 안정감이 있고, 동일한 톤이 갖고 있는 이미지로 통일감을 줄 수 있다(그림 17).

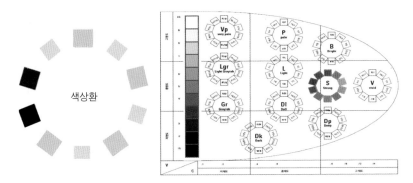

그림 17 유사 색상 동일 톤 배색법

2) 유사 색상 유사 톤 배색

색상과 톤의 차이가 크지 않은 배색으로 편안함과 친근감을 표현하기에 알맞다(그림 18).

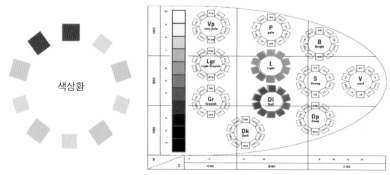

그림 18 유사 색상 유사 톤 배색법

3) 유사 색상 대조 톤 배색

서로 인접해 있는 색상이지만 톤의 차이가 크므로 색이 서로 강조되고 유희적인 이미지를 표현할 수 있다(그림 19).

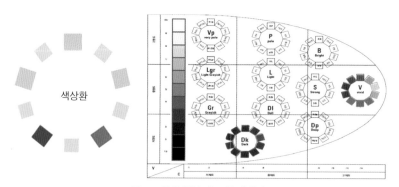

그림 19 유사 색상 대조 톤 배색법

5. 대조 색상에 따른 톤 배색

1) 대조 색상 동일 톤 배색

색상차이가 크지만 톤이 동일하여 색상차로 인한 강한 대비를 완충시킬 수 있는 배색이다(그림 20).

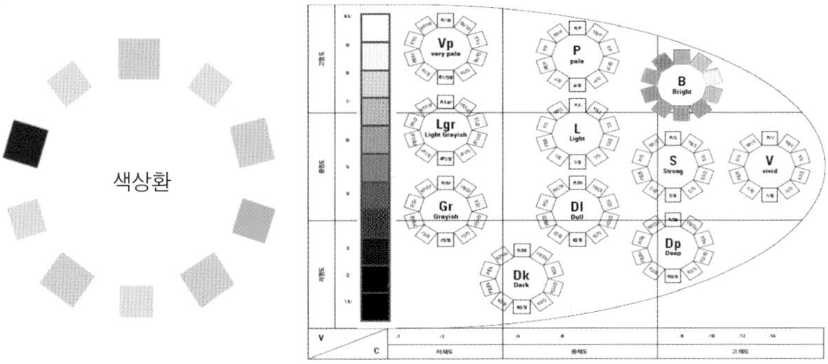

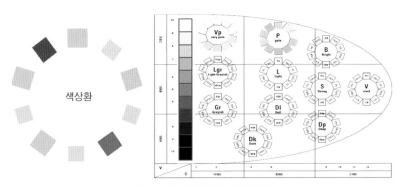

그림 20 대조 색상 동일 톤 배색법

2) 대조 색상 유사 톤 배색

색상차이는 크지만 색조의 차이가 작아 안정적인 느낌과 함께 신선함을 표현할 수 있다 (그림 21).

그림 21 대조 색상 유사 톤 배색법

3) 대조 색상 대조 톤 배색

색상과 톤의 차이가 커서 강한 대비를 이루는 배색이다. 색상과 톤의 큰 차이로 다소 부조화스러움을 유발할 수 있으므로 주의하여 사용하여야 한다(그림 22).

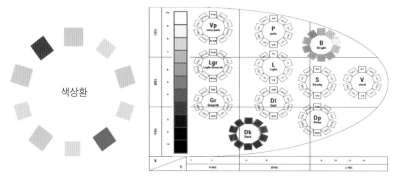

색상환

그림 22 대조 색상 대조 톤 배색법

6. 배색 기법의 종류

1) 그러데이션(Gradation) 배색

그러데이션은 '색채나 농담이 밝은 부분에서 어두운 부분으로 점차 옮겨지는 것'을 의미하는 것으로 그러데이션(Gradation) 배색은 색상이나 명도, 채도 등을 단계적으로 변화시키는 배색 방법을 말한다(그림 23). 점진적으로 시선을 유도하는 효과가 있어서 리듬감 표현에 효과적이다.

명도 그러데이션 배색 시 고명도는 부드럽고 여린 이미지, 저명도는 강하고 딱딱한 이미지가 표현되며, 채도 그러데이션 배색 시에는 고채도의 경우 약동감과 화려한 이미지가, 저채도는 온건하고 중후한 이미지가 표현된다.

2) 세퍼레이션(Separation) 배색

세퍼레이션은 '분리시키다, 갈라놓다'의 의미로 세퍼레이션(Separation) 배색은 색의 배색 중간에 다른 한 색을 첨가하여 두 색이 분리되어 보이도록 하는 배색 방법이다(그림 24).

색상은 보색이나 반대색상과 같이 색상차가 많이 나도록 하여야 분리색으로의 효과가 높으며, 명도, 채도의 경우에도 차이가 크게 배치하면 세퍼레이션 배색에 효과적이다.

3) 악센트(Accent) 배색

악센트는 '강조하다, 눈에 띄게 하다'의 의미로, 악센트(Accent) 배색(그림 25)은 배색 일부에 중심이 되는 색의 반대나 대조되는 색을 이용하여 강조시키는 배색 방법이다. 강조시키는 부분의 면적이 작을수록 더욱 강조 효과가 크며, 심플한 디자인이나 동일색상의 단조로운 배색에 사용하면 효과적이다. 심플한 의복에 스카프, 구두, 모자 등에 악센트 배색을 활용한 액세서리 연출에 많이 사용된다.

4) 톤온톤(Ton on Ton) 배색

톤온톤(Ton on Ton) 배색(그림 26)은 동일한 색상에 톤의 변화를 준 배색 방법으로 부드럽고 안정적인 느낌을 줄 수 있다.

5) 톤인톤(Ton in Ton) 배색

톤인톤(Ton in Ton) 배색(그림 27)은 동일한 톤이나 유사한 톤에 색상의 변화를 준 배색 방법이다. 배색되는 색상이 달라도 톤이 기준이 되어 안정감 있는 표현이 가능하며, 톤의 변화에 따라 다양한 분위기가 표현된다.

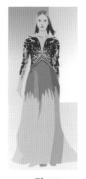    

| 그림 23 | 그림 24 | 그림 25 | 그림 26 | 그림 27 |
| 그러데이션 배색 | 세퍼레이션 배색 | 악센트 배색 | 톤온톤 배색 | 톤인톤 배색 |

7. 언어 이미지 스케일과 배색 이미지 스케일

1) 언어 이미지 스케일

언어 이미지 스케일(그림 28)은 이미지와 표기하여 기준화한 스케일이다. 패션·인테리어·제품·소재 등과 같이 서로 다른 것들을 언어 이미지를 이용하여 심리적인 것으로 정리하여 감성을 정보화하는 시스템이다.

　언어 이미지 스케일의 세로축은 명도축, 가로축은 채도축이며 14개의 이미지로 그룹핑되어있다. 서로 가까이 있는 것은 유사 이미지, 서로 떨어져 있는 것은 반대 이미지의 특징을 갖는다.

2) 배색 이미지 스케일

배색 이미지 스케일(그림 29)은 형용사 이미지와 색상과의 관계를 연구하여 기준화한 스케일로 Soft-Hard축, Warm-Cool의 축을 기본으로 형용사 이미지에 맞추어 배색의 효과를 그룹화하여 배열한 것이다. 배색 이미지 스케일의 세로축은 명도축, 가로축은 채도축으로 하여 각 이미지별 배색이 그룹화되어 있어 패션, 인테리어 등 디자인을 위한 배색 시에 이미지 전달을 용이하게 하기 위한 수단으로 활용되고 있다.

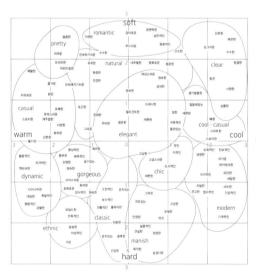

그림 28 언어 이미지 스케일

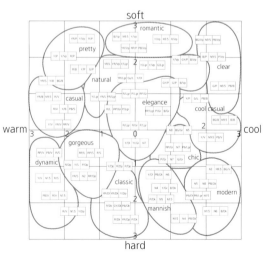

그림 29 배색 이미지 스케일

자료: 한국공업규격(KS 0012)

언어 이미지 스케일과 마찬가지로 배색 이미지 스케일에서 가까이 있는 이미지는 유사 이미지, 멀리 있는 이미지는 다르거나 반대의 이미지의 특징을 갖고 있으며, 그에 따른 배색을 제시하고 있다.

8. 컬러 팔레트를 이용한 컬러 추출

컬러 팔레트(Color Palette)(그림 30)는 색채계획에서 배색에 사용하기 위해 선정된 색 전체를 지칭하는 것으로, 맵이나 회화, 사진 등 사용된 컬러를 추출하여 구성할 수 있다.
　패션, 회화, 사진 등에 나타난 컬러 추출 및 컬러 기획 시 사용되며, 스타일링 기획 시 컬러맵을 제작하고 그에 따른 컬러 팔레트를 구성하여 새로운 컬러 기획에 활용된다.

그림 30 컬러 맵과 컬러 팔레트

CHAPT

소재에 따른 스타일링

ER 4

● 텍스처의 종류와
코디네이션

소재는 직물, 편물, 부직포 등을 일컫는 말로 실의 굵기, 종류 등에 따라 다양하게 나타 난다.

소재는 크게 텍스처와 패턴으로 구분할 수 있는데, 텍스처는 직물의 성질, 결, 질감을 말하고, 패턴은 직물에 그려지거나 직조에서 만들어진 그림, 문양을 말한다.

1. 텍스처의 종류 및 특징

직물의 성질, 결, 질감 등을 나타내는 텍스처는 대표적으로 하드, 소프트, 브릴리언트, 트 랜스페어런트 텍스처로 구분할 수 있다.

1) 하드(Hard) 텍스처

하드(Hard) 텍스처(그림 1)는 뻣뻣하고 가공되지 않은 느낌의 두꺼운 패브릭을 말한다. 홈스펀, 머스린, 데님, 트위드, 가죽 등은 하드 텍스처에 속한다. 하드 텍스처는 체형을 증가시켜 보이게 하므로 마른 체형에는 적합하나 뚱뚱한 체형은 주의해야 한다.

2) 소프트(Soft) 텍스처

소프트(Soft) 텍스처(그림 2)는 부드럽고 가벼운 패브릭으로 따뜻한 온도감과 유연한 표 현이 가능하여 여성스러운 이미지 연출에 효과적이다. 벨벳, 조젯, 실크, 캐시미어, 저지 등이 포함된다.

3) 브릴리언트(Brilliant) 텍스처

브릴리언트(Brilliant) 텍스처(그림 3)는 광택을 지닌 패브릭으로 화려하고 우아하거나 섹시한 이미지 표현이 가능하다. 종류로는 에나멜, 실크, 새틴, 시퀸 등이 있으며, 모두 광택이 있는 소재로 빛을 반사하여 실제 체형보다 확대되어 보인다. 따라서 체형이 큰 사람은 피해야 하며, 특히 가슴, 배, 힙 등 체형 부위의 결점이 있는 사람들은 주의하여 스타일링 하여야 한다.

4) 트랜스페어런트(Transparent) 텍스처

트랜스페어런트(Transparent) 텍스처(그림 4)는 실이 얇아서 비치거나 실의 짜임이 성글어 살갗이 훤하게 비치는 패브릭을 말한다. 트랜스페어런트는 오간자, 레이스, 쉬폰, 메쉬 등이 있으며 비치는 느낌으로 인하여 성숙한 여성미 표현이 가능하다. 하지만 몸의 윤곽선이 드러나므로 너무 뚱뚱한 체형은 피해야 하고, 너무 넓은 부분에 사용하면 심한 노출로 인한 거부감이 유발될 수 있다.

  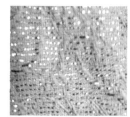 

| 그림 1 하드 | 그림 2 소프트 | 그림 3 브릴리언트 | 그림 4 트랜스페어런트 |

2. 텍스처 코디네이션

1) 동일 텍스처 코디네이션

동일한 텍스처 코디네이션은 소프트한 텍스처의 쉬폰 블라우스와 쉬폰 스커트와 같이 동일한 원단끼리 코디네이션 하는 방법을 말한다. 전체적으로 통일감을 줄 수 있지만 텍스처가 주는 이미지가 동일하거나 유사하기 때문에 다소 단조로운 분위기를 줄 수 있으므로, 색상이나 패턴에 변화를 주어 스타일링하면 다양한 표현이 가능하다.

2) 유사 텍스처 코디네이션

동일한 텍스처 그룹에서의 다른 패브릭끼리 코디네이션 하는 방법으로 예를 들어 하드한 텍스처의 데님 팬츠와 가죽 재킷, 소프트한 텍스처의 캐시미어 니트와 저지 스커트의 코디네이션과 같은 방법이다. 동일한 텍스처는 아니지만 텍스처의 이미지가 비슷하여 친근한 세련미를 표현하기에 알맞다.

3) 이질 텍스처 코디네이션

이질적인 텍스처는 서로 다른 텍스처끼리 구성하는 방법으로 서로 다른 텍스처의 변화감으로 인해 독특함과 흥미로운 표현이 가능하다. 따라서 색상이나 패턴까지 너무 강하게 변화시키면 자칫 언밸런스로 인해 거부감을 줄 수 있으므로 스타일링 요소를 조절하여 연출하여야 한다.

패턴의
● 종류와
코디네이션

1. 패턴의 종류 및 특징

1) 사실적 패턴

사실적 패턴(그림 5)은 건물, 자동차, 꽃, 동물 등 자연물이나 인공물을 그대로 묘사하는 방법을 말한다. 꽃이나 강물 등의 자연물에 의한 사실적 패턴은 여성스런 이미지를, 캐릭터, 건물 등의 인공물에 의한 사실적 패턴은 새로움과 의외성을 연출하기에 알맞다.

2) 추상적 패턴

추상적 패턴(그림 6)은 물결 모양이나 등고선 등의 모양처럼 정형화된 형태가 아닌 패턴으로 기존의 사물 형태와는 상관없이 모티브의 크기, 형태, 배열, 색상 등에 구애받지 않고 배열된다. 정형화된 표현에서 벗어나 자유롭고 풍부한 이미지 표현으로 의외성을 줄 수 있으나 크기, 형태, 색상, 배열 등의 요소로 한꺼번에 변화를 주면 부조화스러울 수 있으므로 주의하여야 한다.

3) 기하학적 패턴

기하학적 패턴(그림 7)은 직선, 원, 삼각형, 사각형 등과 같은 기하학적인 형태를 이용한 패턴으로 스트라이프, 도트, 체크 프린트가 대표적인데 패턴의 굵기, 간격, 패턴과 배경색의 컬러 대비 등에 따라 다양한 형태로 표현이 가능하다. 현대적인 감각을 표현하기에 좋은 패턴으로 다양한 패션 이미지에 활용되고 있다.

4) 전통적 패턴

전통적인 패턴(그림 8)은 자연적인 사물을 대상으로 형태를 변형시키거나 세부 묘사를 단순화, 축소화, 과장화시킨 패턴으로 예를 들어 미국의 인디안 복식, 유럽의 민속복, 동양풍의 꽃문양 등이 포함된다.

　패턴의 단순화, 축소화, 과장화를 통해 상징성이 부여됨에 따라 자연적인 패턴보다 세련되고 감각적인 이미지를 표현할 수 있으나, 지나치게 단순화 및 과장화가 될 경우 너무 추상적이게 변화될 수 있으므로 주의하여 표현해야 한다.

그림 5 사실적 패턴　　**그림 6** 추상적 패턴　　**그림 7** 기하학적 패턴　　**그림 8** 전통적 패턴

2. 패턴 온 패턴 코디네이션

1) 동일 감각의 패턴 온 패턴 코디네이션

동일 감각의 패턴 온 패턴은 같은 패턴에 색상으로 변화를 주는 코디네이션을 말한다. 패턴에 통일감이 있어 안정적인 이미지를 줄 수 있는데 색상이나 패턴 크기가 동일할 경우 너무 밋밋할 수 있기 때문에 색상이나 패턴의 크기 변화를 주는 것이 효과적이다.

　유사 색상 배색은 침착하고 편안한 이미지로, 반대 색상 배색은 강렬하고 밝은 느낌을 주어 활발한 스포티브 이미지 표현이 가능하다. 그 외 크기의 변화로도 새로운 신선함을 표현할 수 있다.

2) 유사 감각의 패턴 온 패턴 코디네이션

유사 감각의 패턴 온 패턴 코디네이션은 패턴의 형태는 동일하지 않지만 예를 들어 기하학적 패턴의 도트 패턴과 스트라이프 패턴의 코디네이션처럼 같은 패턴의 종류끼리 코디네이션한 방법이다. 이러한 패턴 온 패턴 코디네이션은 통일감과 차분함을 줄 수 있으며, 패턴 종류에 따라 패턴 자체의 이미지를 표현하기에 효과적이다.

3) 대조 감각의 패턴 온 패턴 코디네이션

대조 감각의 패턴 온 패턴 코디네이션은 패턴의 공통적인 특성 없이 어울리지 않는 패턴끼리 대조시키는 방법으로 개성적인 표현과 신선함을 표현할 수 있다. 하지만 서로 다른 감각이 복합적으로 표현되어지기 때문에 불균형을 초래할 수 있으므로 색상이나 크기, 배열 등에 있어 더욱 주의하여 표현해야한다.

CHAPT

체형에 따른 스타일링

ER 5

체형보완
스타일링

1. 체형보완 스타일링의 개념

일반적으로 한국인의 체형은 산업자원부 기술표준원에서 진행하는 인체치수 조사사업
인 'Size Korea'의 분류 방법을 따른다. Size Korea는 의류 학회의 보편적 분류법인 라스
밴드(Judith Rasband)에 의한 방법을 활용하여 상반신을 분류하였다. 라스밴드의 체형
분류 방법은 주로 어깨, 허리, 엉덩이의 크기에 따라 상반신의 형태를 이상 체형, 삼각형
체형, 역삼각형 체형, 사각 체형, 마름모 체형, 모래시계형 체형, 튜브 체형, 둥근 체형으
로 분류하고 있다.

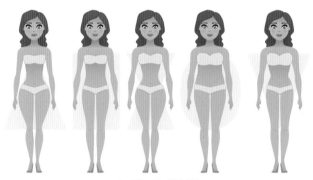

라스밴드의 체형분류

Size Korea는 '이상적인 체형'이란 학문적으로 다빈도 구간에 속하면서 아름다운 크기
와 형태, 프로포션을 갖는 체형이라고 정의한다. 다시 말해서 이상적인 체형이란 평균체
형의 개념에 미적 판단기준이 첨가된 것으로 개인이 그렇게 되기를 희망하거나 동경하
는 체형을 말하기도 한다. 나이가 들수록 평균체형의 사이즈는 비대해지지만, 이상적인
체형은 보통 20대, 30대의 표준체형을 추구하며 그 시대의 유행 스타일을 그대로 반영
하는 경향이 있다.

체형보완 스타일링이란 각 착용자가 추구하는 이상 체형, 시대가 추구하는 이상 체형
에 근접하게 하는 패션 연출 방법을 말한다. 연출 방법을 기획하기에 앞서 먼저, 착용자
의 체형 등 신체 특징을 정확히 파악하는 것이 선행되어야 한다. 특히 착용자의 체형의

장단점을 파악하여 장점은 부각하고 단점은 보완하는 패션 연출법을 마련해야 하는데, 이때 선, 색상, 무늬, 은폐, 왜곡 등 다양한 착시효과를 활용하는 것이 효과적이다. 주의할 것은 체형보완에만 비중을 두어 트렌드를 무시한다면 자칫 촌스러운 사람으로 보일 수 있으니 유행에 뒤쳐져 보이지 않게 매 시즌 착용자의 체형에 적합한 유행 아이템을 잘 선택하는 것이 중요하다.

2. 착시를 활용한 체형보완 스타일링

1) 세로선 착시 활용

사람의 눈은 주변 상황에 따라 많은 변수를 지니고 있어서 크기의 차이 등을 구별할 수 있음에도 사실과 다르게 받아들이는 착시현상을 일으키므로 이런 특성을 잘 활용하면 효과적으로 체형을 보완할 수 있다. 선은 방향, 형태, 굵기에 따라 연출의 의도를 표현할 수 있으며 굵고 강한 선이 세로 방향으로 확실하게 강조될 때 특히, 실루엣, 구성선, 장식선, 재단선 등 실루엣 안의 선과 네크라인, 칼라, 소매, 허리선, 트리밍 등의 디테일 선이 세로 방향으로 확실하게 부각될 때 크고 날씬해 보이는 효과가 더해진다.

　선의 수와 위치에 따라 효과가 달라지는데 아무런 선이 없는 원피스 드레스를 입고 있을 때와 세로선이 한 줄 있는 원피스 드레스를 입고 있을 때 어느 쪽이 더 날씬해 보이는지 살펴보면 선이 한 줄 있을 때가 좀 더 날씬해 보이는 것을 알 수 있다. 또 선이 한 줄 있을 때와 두 줄 있을 때를 비교하면 두 줄의 선이 그어진 미니드레스를 입고 있을 때 더 날씬해 보이는 것을 알 수 있다(그림 1). 이렇듯 중앙을 향한 서로 접근한 선이 몸통 중앙에 위치할 때 날씬해 보이는 효과가 높아진다.

　세로선은 의복의 트리밍과 디테일, 연출방법을 활용하여 생성되게 할 수 있다. 예를 들어 단추의 배열(그림 2), 절개선 등 의상의 디테일과 넥타이, 스카프, 목걸이 등 액세서리를 조합하거나 앞을 열고 입기, 레이어드 등의 다양한 연출법을 활용할 수 있다.

2) 가로선 착시 활용

세로선과 마찬가지로 아무 선도 없는 원피스 드레스와 가로선이 한 줄 있는 원피스 드레스를 비교했을 때 가로선이 있는 원피스 드레스를 입었을 때 다리 길이가 짧아 보이는 것을 알 수 있다. 이와는 다르게 하이웨이스트 형태의 쇼츠를 입었을 때는 다리 길이가 길어 보이는데 이렇게 가로선은 위치에 따라 체형을 달리 보이게 의도할 수 있다.

82

상하의 비율이 4:6이 되도록 하이웨이스트 형태의 하의와 짧은 상의로 연출하거나, 얼굴에 가깝게 위치한 프린트 등은 시선을 위로 끌어 올려 키나 다리가 길어보이게 하는 데 긍정적인 효과를 준다. 그러나 가로선이 강조되면 시선이 수평으로 이동해 키가 작아 보이고 비대해 보이게 만든다(그림 3). 햄라인의 차이가 생기는 레이어드, 가로로만 배열된 무늬는 가로선이 두드러지면서 강조된다. 또한 (그림 4)처럼 레이어드로 인해 생성된 몸통을 분할하는 여러 줄의 가로선도 수평을 강조하여 부정적인 결과를 보여준다.

그림 1
세로선

그림 2
단추 세로선

그림 3
가로선

그림 4
레이어드 가로선

3) 사선 착시 활용

사선은 비대한 체형을 보완하는 데 효과적인 선이며 수평선보다 수직선에 가까울 때 더욱 날씬해 보인다. 의상의 여밈, 트리밍 등에 사선이 있는 의상을 활용하거나 크로스 백 등 액세서리 연출법으로 사선이 생성되도록 유도한다(그림 5).

4) 무늬 착시 활용

무늬는 그 크기가 클수록, 한 면에 무늬의 개수가 많을수록, 무늬의 모양이 둥글수록, 의상의 바탕색이 무늬의 색보다 밝을수록 체형이 비대해 보인다. 또한 무늬는 의상에 무늬가 없을 때보다 있을 때 체형을 비대하게 보이게 하지만, 이런 특성을 활용하여 보완하고 싶은 빈약한 부위에 적용하면 원하는 체형으로 보이게 의도할 수 있다(그림 6).

5) 컬러 착시 활용

명도에 따라 체형을 축소 또는 확대시켜 보이게 의도할 수 있는데, 일반적으로 명도가 낮은 어두운 색이 명도가 높은 밝은 색보다 체형을 작게 보이게 한다. 이를 활용하여 보완하고 싶은 부위에 어두운 색을 배치하고, 보여주고 싶은 부분은 자극성이 강한 색상이나 명도, 채도가 높은 색상을 사용하면(그림 7) 시선을 분산시킬 수 있고 진출색과 후퇴색을 적절히 활용하는 것도 효과적인 방법이다.

6) 왜곡과 은폐 착시 활용

의복의 실루엣은 의복 자체의 디자인 선, 디자인의 장식요소에 의해 형성되는데, 디자인과 연출법으로 실루엣의 형태를 크게 왜곡시켜(그림 8) 체형을 보완할 수 있다. 또한 의상의 디자인을 활용하여 감추고 싶은 부분을 자연스럽게 은폐하면 체형을 가늠할 수 없어 원하는 이상 체형에 가깝게 보이게 할 수 있다(그림 9).

그림 5	그림 6	그림 7	그림 8	그림 9
사선 이용	큰 문양 이용	컬러 농담 이용	왜곡된 디자인 선	러플로 다리 은폐

체형
● 유형별
스타일링

1. 삼각형 체형의 특징과 연출법

삼각형 체형은 어깨 폭이 엉덩이 폭보다 좁고 엉덩이나 다리에 살이 많아 전체적인 체형의 형태가 삼각형 모양을 그린다.

삼각형 체형을 보완하기 위해서는 좁은 어깨를 넓게 보이게 하고 넓은 하체를 축소되게 보이게 하여 상·하체의 균형을 맞추는 연출법이 필요하다.

1) 좁은 어깨 보완 연출법

체형을 보완하기 위해서는 의상 바깥쪽의 디테일보다는 의상 안쪽의 부자재나 구성을 고려해야한다. 어깨의 형태를 조절하는 부자재로 어깨 패드가 있는데, 어깨에 패드가 들어간 상의는 본래의 좁은 어깨를 왜곡시켜 어깨를 넓어 보이게 보완해 주며 피부에 가깝게 착용할수록 자연스러워 보인다. 단, 블라우스만 입을 경우, 두드러지지 않고 자연스러운 두께와 형태의 패드를 부착하는 것이 좋다.

어깨부분에 장식이 있거나 각이진 형태, 어깨에 볼륨이 있는 상의을 착용하는 게 좋으며(그림 10), 이때, 재킷의 어깨선은 어깨뼈를 기준으로 1~1.5cm 팔 쪽으로 위치해 있는 것이 좁은 어깨를 보완하는 데 효과적이다.

명도가 낮아 어두운 색보다는 명도가 높은 밝은 색이, 채도가 낮아 탁한 색보다는 채도가 높은 선명한 색이 면적이 확대되고 팽창되어 보이게 한다.

베스트나 민소매 의상을 연출할 때에도 주의해야 할 점이 있는데, 어깨뼈를 기준으로 의상의 암홀부분이 몸통 쪽에 가깝게 커팅되어 있는 것이 좁은 어깨를 보완하는 데 좋다(그림 11).

좁은 어깨 체형이 피해야 할 의상이나 연출법에 대해서 살펴보면, 무거운 니트는 축축 처지는 니트의 성질 때문에 좁은 어깨의 실루엣을 보완하지 못하고 체형을 그대로 드러나 보이게 한다. 이때 니트의 어깨선이 몸판과 연결되지 않고 어깨뼈 부분에서 절개되어 있는 의상, 처지는 느낌이 덜한 의상은 그나마 좁은 어깨를 덜 부각시킨다.

폭을 세로선으로 분할하면 폭을 좁아 보이게 할 수 있다. 예를 들어 후드가 달려있는 의상은 어깨의 폭을 분할하여 어깨를 더욱 좁아 보이게 하고 얼굴을 크게 보이게도 한다. 칼라나 라펠도 어깨 폭에 영향을 주는 디테일 중 하나인데, 칼라나 라펠이 너무 커서 어깨를 완전히 은폐하면 실제보다 어깨 폭이 더 작아 보이는 부정적인 결과가 발생한다. 이때 칼라나 라펠 밖으로 어깨가 보인다면 다소 좁은 어깨를 보완하는 데 긍정적인 효과를 낼 수 있다.

2) 넓은 하체 보완 연출법

명도가 낮은 진한 색은 폭이 축소되어 보이는 효과가 있다. 따라서 진한 색의 하의를 착용하고 이와 함께 색상이나 포인트가 두드러지는 상의를 선택하면 시선이 상체로 옮겨져 하체를 보완할 수 있다.

비대한 하체를 보완하는 데 가장 좋은 아이템 중엔 A라인 스커트가 있다. A라인 스커트는 스커트 밑단 부분이 넓어져 근접해 있는 허벅지나 종아리가 상대적으로 축소돼 보이게 한다.

넓은 면을 보완할 때 은폐의 착시를 활용하면 효과적이다. 상의의 디테일을 활용하거나, 상의를 하의에 묶는 연출(그림 12)로 하체를 은폐하면 체형을 가늠할 수 없게 되어서 넓은 하체를 멋지게 보완할 수 있다.

그림 10
어깨 장식

그림 11
암홀 커팅 정도

그림 12
상의 디테일 활용

그림 13
키가 커보이는 연출법

85

시선은 끊기지 않고 세로 방향으로 확실하게 흐를 때 키가 커 보이고 슬림해 보인다. 신발을 하의와 비슷하거나 같은 컬러로 매치하면 하체 쪽에 시선이 세로 방향으로 끊기지 않고 이어져 다리가 길어 보이게 하고 동시에 하체가 축소되어 보인다(그림 13). 이때 4cm 이상의 굽이 있는 신발을 착용하면 더욱 효과적이다.

최근 기능이 더해진 스타킹은 체형을 강하게 지지해줘서 체형 축소 효과를 더해준다. 스타킹은 진할수록 하체의 폭을 보완하나 형태를 두드러지게 보이게 하는 단점도 있으니 주의해야하며, 불투명 스타킹 한 컬레를 신었을 때 보다 투명 스타일 2~3컬레를 신었을 때 체형 보완에 효과적이다.

피해야 할 아이템은 너무 타이트한 의상, 느슨한 짜임의 의상, 광택이 있는 소재나 밝은 색상, 무늬, 디테일이 강한 하의 등이다.

2. 역삼각형 체형의 특징과 연출법

역삼각형 체형은 어깨 폭이 넓고 골반 폭이 좁아 전체적인 체형의 형태가 역삼각형 모양을 그리며 골반과 허리의 폭이 비슷하여 허리가 길어 보이고 이로 인해 다리가 짧아 보이기도 한다.

역삼각형 체형은 넓은 어깨는 좁게, 좁은 골반은 확대되어 보이게 하는 연출법이 필요하다. 또한 허리 폭과 비슷한 골반 폭을 보완하고 허리선을 조정하여 좁은 골반 폭을 넓히고 다리도 길어 보이게 연출해야 한다.

1) 넓은 어깨 보완 연출법

세일러 칼라 등의 큰 칼라로 어깨를 은폐하거나, 후드가 부착된 상의를 착용하면 넓은 어깨 폭을 분할하여 어깨가 좁아보이게 하며, 래글런 소매(Raglan Sleeve)(그림 14), 목 부분이 많이 노출되는 네크라인의 의상도 어깨 폭을 좁게 보이게 한다.

베스트나 민소매는 암홀 부분이 어깨뼈 부분에 거의 가깝게 커팅되어 있는 디자인이 넓은 어깨 보완에 효과적이다(그림 15). 반대로 어깨 부분에 가로선이 강조되거나 어깨 부분에 가깝게 눈에 띄는 디테일이 있는 의상은 시선을 어깨 쪽으로 끌어 넓은 어깨를 강조하니 피해야한다.

2) 좁은 골반 연출법

광택이 있거나 명도가 높은 밝은 컬러, 무늬는 면적을 확대되어 보이게 하므로 하의로 선택하면 좁은 골반을 보완할 수 있다(그림 16).

역삼각형 체형은 골반의 폭이 허리의 폭과 비슷해서 허리가 길어 보이기도 하는데, 허리선을 조정하고 좁은 골반을 보완하는 의상 중에는 페플럼(Peplum) 디자인이 가장 효과적이다. (그림 17)과 같이 원래 허리선보다 1~2cm 정도 높게 허리선을 만들고 허리선에 주름으로 볼륨을 넣어주면 좁은 골반을 보완하고 다리도 길어 보이는 등 체형이 조정되어 보이게 한다.

(그림 18)과 같이 무늬가 있는 의상은 무늬가 없는 것보다 면적이 확대되어 보이며 특히, 가로무늬가 폭을 넓어 보이게 하는 데 효과적이다. 면적당 세로선의 개수가 많을수록 가로효과가 증대되는데 잔주름으로 된 플리츠 스커트는 골반을 더욱 확대되어 보이게 해준다.

너무 타이트한 의상은 좁은 골반 체형이 피해야 할 의상으로, 체형을 보완하지 못하고 체형의 실루엣은 그대로 보여준다. 또한 어두운 컬러의 하의는 좁은 골반을 더 좁게 보이게 하므로 피하는 게 좋다.

그림 14
래글런 소매

그림 15
암홀 커팅

그림 16
밝은 컬러

그림 17
허리 주름

그림 18
가로무늬

3. 사각형 체형의 특징과 연출법

사각형 체형은 가슴과 엉덩이, 허리 폭의 차이가 작고 허리선이 밋밋하여 전체적으로 부드럽지 않으며 체형의 형태가 사각형 모양을 띠는 것이 특징이다.

사각형 체형을 보완하기 위해서는 체형을 부드럽게 보이게 하고 밋밋한 허리를 보완하는 연출법이 필요하다.

1) 밋밋한 허리 보완 연출법

대부분 밋밋한 허리를 감추려고 너무 박시한 실루엣의 의상을 선택하는 경향이 있다. 그러나 무조건 감추려고만 하지 말고 허리선이 성형된 의상을 선택하여 연출하면 더욱 효과적으로 체형을 보완할 수 있다. 페플럼 디자인, 프린세스 라인, 랩 드레스(그림 19)는 인공적으로 허리선이 생성되어 날씬해 보이게 한다.

체형이 강조되지 않은 여유 있는 핏의 블라우스 형태(그림 20)도 밋밋한 허리를 보완해 준다. 이때 의상의 소재가 중요한데, 흐르는 듯한 가벼운 소재는 체형의 형태를 가늠할 수 없게 왜곡시키고 여성미까지 더해준다.

허리선을 만들겠다고 욕심을 내서 너무 두꺼운 벨트로 연출하면 스타일링 자체가 어색해질 수도 있고 두꺼운 허리가 더욱 강조된다. 체형에 맞는 벨트를 활용하여 자연스러운 허리선이 생성되도록 연출해야 한다. 밋밋한 체형에 타이트한 의상은 체형을 그대로 드러내므로 피하는 것이 좋다.

2) 각진 체형 보완 연출법

체형에 곡선이 부족한 사각형 체형에 테일러드 칼라나 라펠, 직선 형태의 디테일과 액세서리를 연출하면 체형의 형태가 더욱 두드러져 보일 수 있으므로 곡선의 칼라나 라펠, 둥근 모양의 액세서리나 디테일로 각진 이미지를 완화하도록 의도해야 한다(그림 21).

사각형 체형 중에는 몸판 폭이 좁은 마른 사각형 체형도 있고 몸판 폭이 넓은 체형도 있다. 폭이 넓은 사각형 체형은 폭을 좁혀 날씬해 보이게 만드는 것이 중요한데 넓은 폭을 보완하는 방법에는 세로선을 활용하여 체형을 분할하는 것이 가장 효과적이다.

세로선을 생성시키는 방법에는 앞을 오픈하거나 베스트를 덧입는 레이어드 연출법, 스카프를 늘어뜨리는 연출법, 긴 목걸이 등의 액세서리를 활용하는 방법, 단추나 트리밍, 러플 등 디테일을 활용하는 법(그림 22)을 들 수 있다.

체형 보완은 겉옷보다 속옷에서부터 시작해야 훨씬 효과적으로 보완할 수 있다. 허리를 잘록하게 만들고 가슴에 볼륨을 더할 수 있는 속옷을 활용하여 사각형 체형에 곡선과 여성미를 더해 주도록 한다.

각진 이미지 보완을 위해 피해야 할 것은 의상의 디테일, 무늬 등이 가로선을 부각하지 않도록 주의해야 한다. 뻣뻣한 소재의 박시한 의상은 사각형 체형의 결점을 강조하며 체형을 왜곡시킨다. 또한, 과도하게 사용된 곡선 디테일은 몸을 비대하게 보이게 할 수 있으므로 곡선 디테일은 포인트로만 사용하는 게 좋다.

그림 19
랩 드레스

그림 20
오버핏 상의

그림 21
부드러운 소재 활용

그림 22
러플 디테일

4. 둥근 체형의 특징과 연출법

둥근 체형은 전체적으로 비대하여 체형에 직선이 적고 전체적인 체형의 형태가 둥근 모양을 그린다.

둥근 체형을 보완하기 위해서는 곡선의 형태를 줄이고 직선을 생성시켜 체형을 길고 슬림해 보이게 하는 연출법이 필요하다.

의상의 구성과 연출 시 발생되는 선은 감정의 변화를 유발하며 선의 방향, 형태, 굵기에 따라 연출의 의도를 적절하게 표현해 준다. 둥근 체형을 보완하기 위해서는 의복의 구성선, 장식선, 재단선이 세로 방향으로 확실하게 부각할 때 체형의 너비를 축소하고 분산시키는 힘을 가진다. 의상을 겹쳐 입는 레이어링(Layering) 연출법 또한 여러 개의 수직선을 생성시키며 체형의 폭을 분할하여 넓은 지체를 축소되어 보이게 한다.

의복의 실루엣은 의복 자체의 디자인 선, 디자인의 장식요소에 의해 형성되는데 다양한 디자인으로 실루엣의 형태를 크게 왜곡시키면 신체를 다르게 강조하여 실루엣을 변화시키는 효과가 있다.

체형에 곡선이 부각되는 둥근 체형에 직선을 첨가하면 체형의 형태를 왜곡시켜 보이게 할 수 있다. V 네크라인이나 스퀘어 네크라인, 직선으로 커팅 된 칼라, 라펠, 테일러드 칼라와 브이존이 넓은 재킷은 직선을 강조하는 디자인으로 얼굴을 갸름하고 작게 보이게 하며 체형까지 덜 비대하게 보이게 한다(그림 23).

또한, 어깨에서 팔로 연결되는 선이 직선으로 떨어지는 의상을 선택하는 것도 체형 보완에 효과적이다. 그러나 곡선 형태의 네크라인(그림 24), 칼라, 라펠, 셔링, 러플 등 볼륨을 만드는 디테일은 둥근 체형을 강조하니 피하는 것이 좋다.

체형을 축소 또는 확대시켜 보이게 하는 현상은 동일한 면적이라도 색의 명도에 의해 가장 크게 좌우되는데 일반적으로 어두운 색이 밝은 색보다 축소되어 보이게 한다. 특히 상하의를 검정색 올 컬러로 연출하면 세련된 느낌과 함께 시선이 분리되지 않아 키가 커보이고 실제 체형보다 날씬해 보인다.

의상은 무늬가 없는 것이 무늬가 있는 것보다 슬림해 보이나 무늬가 있는 의상을 선택할 때는 바탕색이 무늬보다 진하고 아주 작은 무늬가 있는 의상을 선택하는 것이 좋다. 무늬는 그 크기가 커질수록 실제 체형보다 더 비대해 보이게 만들기 때문이다(그림 25).

그림 23
직선 디테일

그림 24
라운드 네크라인

그림 25
무늬가 있는 의상

5. 모래시계 체형의 특징과 연출법

모래시계 체형은 가슴과 엉덩이의 볼륨에 비해 허리가 너무 가늘고 전체적으로 글래머러스한 스타일로 체형이 모래시계를 그린다.

전체적으로 몸매가 균형 잡혀 보이나 상반신과 어깨가 강조되어 보이므로 이를 보완하는 연출법이 필요하다.

1) 큰 가슴 보완 연출법

모래시계 체형은 과거 사회적 통념 때문에 주목받지 못했으나 최근 트렌드에 부합되어 '이상적인 체형'으로 받아들여지고 있다.

모래시계 체형의 특징인 큰 가슴은 자칫 체형 전체를 비대해 보이게 할 수 있으므로 먼저 이를 보완해야 하는데, 큰 가슴을 보완하기 위해 우선 올바른 속옷을 선택해야 한다. 브래지어의 컵 사이즈가 실제 가슴 사이즈 보다 작지 않고 스트랩이 두꺼우며 와이어가 없는 풀 컵으로 가슴의 대부분을 감싸주는 것이 좋다. 브래지어가 가슴을 잘 받쳐주면, 상체 길이가 길어 보이기 때문에 허리 라인이 더 예쁘게 보일 수 있다.

명도가 낮은 어두운 컬러의 아이템은 날씬해 보이는 효과와 더불어 가슴이 작아 보이는 효과도 있다. 여기에 가슴에서 먼 부위에 눈에 띄는 컬러와 디테일의 액세서리를 매치하면 시선을 가슴에서 체형의 다른 부분으로 분산시킬 수 있다(그림 26). 또한 지나치게 여성성이 강조되는 체형의 특징을 어깨선에 각이 지고 여유있는 핏의 블레이저 재킷 등, 매니시한 요소를 첨가함으로써 보완할 수 있다(그림 27).

무게감이 있는 가죽 또는 울 소재로 만든 직선적 실루엣의 아우터는 체형의 곡선을 완화시킬 수 있으며, (그림 28)과 같이 허리라인이 드러나는 의상을 선택하면 체형의 장점을 부각시킨다. 그리고 몸판에 길게 늘어뜨리는 스카프 연출법(그림 29)이나 스카프 효과를 낼 수 있는 보 블라우스, 베스트 아이템은 가슴을 은폐하여 가슴의 크기를 작아 보이게 하는 효과가 있다.

반대로 단추가 부착된 꽉 끼는 상의, 가슴부분에 프린트가 된 상의, 가슴 부분에 러플 등의 장식이 있는 의상은 체형을 보완하지 못하므로 피하는 것이 좋다.

그림 26

악센트 컬러의 액세서리

그림 27

매니시한 아이템

그림 28

하드한 소재의 아우터

그림 29

스카프

부분
● 체형별
스타일링

1. 얼굴형

1) 둥근형

둥근형은 이마, 턱 부분 넓이보다 광대뼈 부분이 넓은 형으로 턱, 이마, 볼 부분이 짧고 동그란 얼굴형으로 귀여운 이미지를 줄 수 있다. 얼굴형에 가깝게 위치한 네크라인이나 칼라를 잘 선택하면 많이 보완할 수 있는데 일반적으로 얼굴형과 유사한 둥근 형태는 피하는 것이 좋다.

어울리는 네크라인은 스퀘어(Square) 네크라인, 브이(V) 네크라인, 오벌(Oval) 네크라인이 알맞으며, 둥근 형태의 라운드(Round) 네크라인은 둥근 얼굴형을 더욱 부각시킬 수 있다(그림 30).

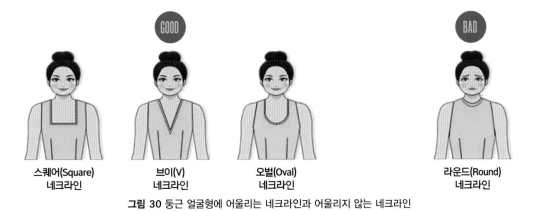

| 스퀘어(Square)
네크라인 | 브이(V)
네크라인 | 오벌(Oval)
네크라인 | 라운드(Round)
네크라인 |

그림 30 둥근 얼굴형에 어울리는 네크라인과 어울리지 않는 네크라인

칼라도 둥근 얼굴형을 보완할 수 있는 V자형의 네크라인을 갖는 세일러(Sailor) 칼라, 피크트(Peaked) 칼라나 턱시도(Tuxedo) 칼라, 윙(Wing) 칼라가 알맞으며, 피터팬(Peter pan) 칼라, 밴드(Band) 칼라는 어울리지 않는다(그림 31).

94

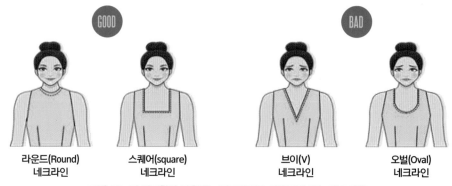

세일러(Sailor) 칼라 | 피크트(Peaked) 칼라 | 턱시도(Tuxedo) 칼라 | 윙(Wing) 칼라 | 피터팬(Peter pan) 칼라 | 밴드(Band) 칼라

그림 31 둥근 얼굴형에 어울리는 칼라와 어울리지 않는 칼라

2) 긴 형

긴 얼굴형은 상하의 길이가 좌우 너비보다 긴 형태로 전체적으로 수수한 이미지를 주되 다소 나이가 들어보이는 인상을 주기도 한다. 우선적으로 얼굴이 길어 보이지 않게 스타 일링 하는 것이 중요하다.

네크라인이 깊게 파지지 않은 라운드(Round) 네크라인이나 스퀘어(Square) 네크라인 을 선택하는 것이 좋으며, 브이(V)의 깊이에 따라 길고 뾰족한 느낌을 부각시킬 수 있으 므로 브이(V) 네크라인, 오벌(Oval) 네크라인은 피하는 것이 좋다(그림 32).

라운드(Round) 네크라인 | 스퀘어(square) 네크라인 | 브이(V) 네크라인 | 오벌(Oval) 네크라인

그림 32 긴 얼굴형에 어울리는 네크라인과 어울리지 않는 네크라인

칼라는 피터팬(Peter pan) 칼라, 목을 덮는 형태의 밴드(Band) 칼라, 부피감이 있는 보우(Bow) 칼라 등이 긴 얼굴형을 보완할 수 있으며, 긴 얼굴을 더욱 길게 보이게 하는 턱시도(Tuxedo) 칼라, 세일러(Sailor) 칼라, 타이(Tie) 칼라 등은 피해야 한다(그림 33).

| 피터팬(Peter pan)
칼라 | 밴드(Band)
칼라 | 보우(Bow)
칼라 | 턱시도(Tuxedo)
칼라 | 세일러(Sailor)
칼라 | 타이(Tie)
칼라 |

그림 33 긴 얼굴형에 어울리는 칼라와 어울리지 않는 칼라

3) 각진 형 & 사각형

각진 형이나 사각형은 이마, 턱, 광대뼈 등이 각진 형태로 전체적인 이미지가 강하고 차갑게 보일 수 있으므로 각진 부분들을 부드럽게 보이게 하는 것이 스타일링 포인트이다.

네크라인 선택에 있어서도 (그림 34)와 같이 부드러운 느낌이 드는 라운드(Round) 네크라인, 유(U) 네크라인 등은 알맞지만 스퀘어(Square) 네크라인과 같이 각진 네크라인은 얼굴형을 더욱 각져 보이게 할 수 있으므로 유의해야 한다.

라운드(Round) 네크라인
유(U) 네크라인

스퀘어(Square) 네크라인

그림 34 각진 형 & 사각형 얼굴형에 어울리는 네크라인과 어울리지 않는 네크라인

2. 목

1) 짧고 굵은 형

목이 짧고 굵으면 전체적으로 답답해 보이므로 깊게 파인 유(U) 네크라인, 오벌(Oval) 네크라인 등을 선택하는 것이 좋으며, 반대로 라운드(Round) 네크라인은 어울리지 않는 다(그림 35). 또한 네크라인에 부피가 있는 디테일 장식은 피해야 하며 목이 짧은 경우 네크라인뿐만 아니라 어깨 부분의 견장, 어깨 패드 등도 주의해야 한다.

| 유(U) 네크라인 | 오벌(Oval) 네크라인 | 라운드(Round) 네크라인 |

그림 35 짧고 굵은 형 목에 어울리는 네크라인과 어울리지 않는 네크라인

칼라도 밴드분이 있는 스탠드(Stand)형 칼라, 터틀(Turtle)넥 칼라 등은 목을 더 짧게 보이게 하므로 피해야 하며, V 네크라인을 살린 피터팬(Peter pan) 칼라, 턱시도(Tuxedo) 칼라, 타이(Tie) 칼라 등이 어울린다(그림 36). 셔츠의 경우는 네크라인의 단추를 풀어서 V존으로 깊게 시선을 이동시키는 것이 알맞으며, 긴 스카프나 목걸이를 착용하는 것도 좋은 방법이다.

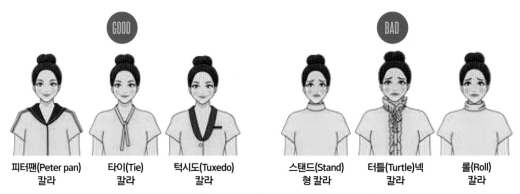

| 피터팬(Peter pan) 칼라 | 타이(Tie) 칼라 | 턱시도(Tuxedo) 칼라 | 스탠드(Stand) 형 칼라 | 터틀(Turtle)넥 칼라 | 롤(Roll) 칼라 |

그림 36 짧고 굵은 형 목에 어울리는 칼라와 어울리지 않는 칼라

2) 가늘고 긴 형

가늘고 긴 목은 빈약한 느낌을 줄 수 있으므로 스카프나 부피감이 있는 장식들로 목을 가려주는 것이 효과적이다. 네크라인의 경우 깊이 파이면 파일수록 더욱 길어 보이기 때문에 네크라인 깊이가 깊지 않은 라운드(Round) 네크라인, 홀터(Halter) 네크라인이 좋다.

반대로 스트랩리스(Strapless) 네크라인, 오프 더 숄더(Off-the-Shoulder) 네크라인은 목과 어깨를 드러내는 형태로 어울리지 않는다(그림 37).

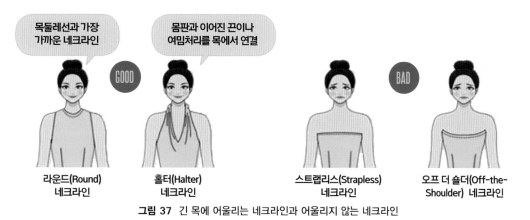

그림 37 긴 목에 어울리는 네크라인과 어울리지 않는 네크라인

칼라는 밴드분이 있는 스탠드(Stand)형 칼라로 밴드(Band) 칼라, 롤(Roll) 칼라, 부피감을 줄 수 있는 러플(Ruffle) 칼라 등으로 가늘고 긴 목을 보완할 수 있도록 하며, 피터팬(Peter pan) 칼라, 턱시도(Tuxedo) 칼라, 타이(Tie) 칼라 등과 같이 V존이 깊은 네크라인을 살린 칼라는 피해야한다(그림 38).

그림 38 긴 목에 어울리는 칼라와 어울리지 않는 칼라

3. 팔

굵은 형

팔이 굵은 경우 상체 전체가 커 보이는 느낌을 줄 수 있어 어깨, 가슴, 팔 부분의 디테일 장식은 피해야한다. 또한 심플한 디자인이라고 할지라도 너무 타이트하게 입게 되면 굵은 팔이 지나치게 두드러지므로 팔 부분에 여유가 있는 소매를 선택하는 것이 알맞다.

소매의 길이도 팔의 가장 굵은 지점을 지나지 않아야 하며, 짧은 소매보다는 긴 소매를 추천한다. 케이프(Cape) 소매, 페전트(Peasant) 소매, 비숍(Bishop) 소매, 기모노(Kimono) 소매, 돌먼(Dolman) 소매, 벨(Bell) 소매(그림 39) 등으로 굵은 팔을 보완할 수 있다.

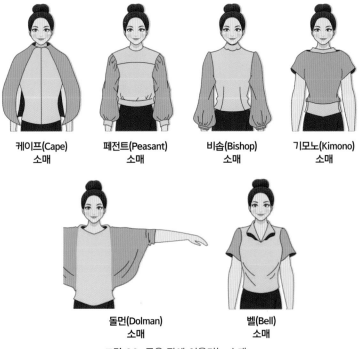

케이프(Cape)
소매

페전트(Peasant)
소매

비숍(Bishop)
소매

기모노(Kimono)
소매

돌먼(Dolman)
소매

벨(Bell)
소매

그림 39 굵은 팔에 어울리는 소매

4. 어깨

1) 넓은 형

어깨가 넓은 형은 남성적인 이미지를 줄 수 있으며 팔이 굵은 형과 마찬가지로 상체가 커보이게 된다. 따라서 어깨라인에 견장이나 디테일 장식은 배제하며, 어깨라인이 드러나지 않도록 목둘레에서 겨드랑이 방향으로 이음선이 있는 래글런(Raglan) 소매(그림 40)를 선택하는 것이 알맞다. 반면에 퍼프(Puff) 소매, 러플(Ruffled) 소매, 드랍(Drop) 소매, 레그 오브 머튼(Leg of Mutton) 소매는 넓은 형 어깨는 피해야한다(그림 41).

또한 넓은 어깨를 보완하기 위해 상의 아이템으로 최대한 심플한 디자인과 너무 밝지 않은 컬러를 선택하는 것도 좋은 방법이다.

2) 좁은 형

어깨가 좁은 형은 전체 체형이 왜소해 보이고 소극적이게 보이게 된다. 어깨 패드를 이용하거나 견장 등의 장식은 좁은 어깨를 넓게 보이게 하는 방법이 된다. 소매도 어깨를 부풀어 올린 형태의 퍼프(Puff) 소매, 러플(Ruffled) 소매, 드랍(Drop) 소매, 레그 오브 머튼(Leg of Mutton) 소매(그림 41) 등으로 보완하거나, 벨트나 신발 등에 포인트를 주어 시선이 어깨와 먼 곳에 머무르게 하는 것도 좋은 연출법이다.

래글런(Raglan)
소매

그림 40 넓은 형 어깨

| 퍼프(Puff) 소매 | 러플(Ruffled) 소매 | 드랍(Drop) 소매 | 레그 오브 머튼 (Leg of Mutton) 소매 |

그림 41 좁은 형 어깨

5. 허리

1) 긴 형

허리가 긴 형은 상대적으로 하체가 짧아 보이게 되어 하의에 긴 팬츠를 입어서 다리가 길어 보이도록 하는 것이 알맞다. 특히 허리 부분에 벨트를 맨다거나 장식 등으로 표현하지 않아야 하며, 재킷이나 점퍼에 주머니, 단추 등의 디테일 장식들로 시선을 분산시켜 주는 것이 좋다.

2) 굵은 형

굵은 허리를 보완하는 방법으로 가장 효과적인 것은 허리가 두드러지지 않게 허리선을 덮어주는 상의나 허리가 조여지지 않는 여유있는 상의를 선택해야한다. 반대로 하이웨이스트 아이템, 넓은 벨트, 허리 부분에 배색 등으로 허리 부분을 강조하고 상체를 분리시켜 보이도록 하는 것은 알맞지 않다.

6. 다리

1) 짧은 형

짧은 다리는 다리가 길어 보일 수 있도록 동일한 컬러의 상의와 하의로 연출하고, 허리라인이 올라가 보이도록 상의의 길이가 길지 않은 것을 허리 안으로 넣어서 스타일링 하는 것이 좋다. 또한 상의에 화려한 장식이나 문양 등을 이용한다면 시선을 분산시킬 수 있으며, 하의는 길이가 긴 스트레이트 팬츠로 다리를 길어 보이게 연출할 수 있다.

2) 굵은 형

굵은 다리는 종아리가 굵은 형과 허벅지가 굵은 형으로 나눌 수 있다. 공통적으로 가장 굵은 부분을 가릴 수 있도록 여유있게 스타일링 하는 것이 가장 바람직하다. 또한 하의를 밝은 컬러로 배색하면 다리가 더욱 굵어 보이므로 어두운 컬러로 배색하는 것이 좋고, 스트라이프 패턴 등을 이용하여 보완할 수 있다.

종아리가 굵은 경우는 특히 레깅스나 피티드한 팬츠, 종아리 부분에 절개나 트임이 있는 스커트 등은 피해야한다. 허벅지가 굵은 경우는 허벅지가 조이는 스트레이트(Strait) 팬츠나 부츠컷(Boots Cut) 팬츠보다는 조드퍼즈(Jodhpurs) 팬츠나 배기(Baggy) 팬츠, 플레어(Flared) 스커트 등이 좋은 선택이다.

그림 출처

(그림 1) 세로선

ⓒ Ovidiu Hrubaru / Shutterstock.com

(그림 2) 단추 세로선

ⓒ IQRemix

https://www.flickr.com/photos/iqremix/33144154654

(그림 3) 가로선

ⓒ FashionStock.com / Shutterstock.com

(그림 4) 레이어드 가로선

ⓒ Madame Chill

https://www.flickr.com/photos/113510465@N06/148349
14006

(그림 5) 사선 이용

ⓒ FashionStock.com / Shutterstock.com

(그림 6) 큰 문양 이용

https://upload.wikimedia.org/wikipedia/commons/0/0
3/080_Bcn_Fashion_Week_2014_30_%2859793956%
29.jpeg

(그림 7) 컬러 농담 이용

https://upload.wikimedia.org/wikipedia/commons/d/
d2/Vera_Wang_Spring-Summer_2014_08.jpg

(그림 8) 왜곡된 디자인 선

ⓒ foeoc kannilc

https://www.flickr.com/photos/foeock/7898493988

(그림 9) 러플로 다리 은폐

ⓒ Geneva Vanderzeil apairandasparediy.com

https://www.flickr.com/photos/66755335@N05/8381798
451

(그림 10) 어깨 장식

ⓒ Street style photo / Shutterstock.com

(그림 12) 상의 디테일 활용

https://upload.wikimedia.org/wikipedia/commons/5/5
0/Nam_Ji-hyun_performing_in_Paju_in_September
_2012_05.jpg

(그림 13) 키가 커보이는 연출법

저자 촬영

(그림 18) 가로무늬

ⓒ Nata Sha / Shutterstock.com

https://image.shutterstock.com/image-photo/new-
york-september-12-model-600w-61178302.jpg

(그림 19) 랩 드레스

ⓒ CHRISTOPHER MACSURAK

https://en.wikipedia.org/wiki/Wrap_dress

(그림 24) 라운드 네크라인

ⓒ Themeplus

https://www.flickr.com/photos/85217387@N04/8361332
611

PART 2

실무 심화

CHAPT

패션 트렌드 분석

ER 6

● 1900년대 패션 & 뷰티

1. 패션

1880년대 후반, 산업혁명을 통해 창조된 새로운 기술은 사람들의 삶을 바꾸어 놓았다. 여성들은 신기술을 활용하여 사회에 진출하였고 이를 통해 사회적 지위가 상승하고 성 역할이 바뀌었다. 이 시대는 벨 에포크(Belle Epoque, 1890∼1914) 즉, '황금시대'라고 할 만큼 물질적 풍요를 바탕으로 삶의 즐거움과 아름다움에 대한 관심이 높아진 때였다. 1900년 1월 빅토리아 여왕이 사망하고, 에스워드 7세가 즉위하면서 20세기 태동과 함께 에드워디안 시대(Edwardian Era)가 열렸다. 영국을 중심으로 세련된 여성들 사이에서 '에드워디안 레이디'라고 불리는 신여성이 확산하였고 새로운 여성복 스타일의 변화를 제시하였다. 여성의 사회참여 증가와 사회적 지위 향상을 위해 테일러드 슈트가 선택되었는데, 초기에는 남성복의 형식을 받아들여 딱딱한 디자인이 주류를 이루었으나 점차 여성스러움을 반영해 곡선적인 디자인으로 발전해 나갔다.

아르누보(Art Nouveau)는 새로운 예술이라는 뜻으로 1890년에서 1910년 사이에 국제적으로 유행한 예술 양식이다. 아르누보 작가들은 유럽의 전통적이고 고전주의적인 미술 방법에서 탈피하고 모든 분야에서 새로운 양식을 추구하고자 하였다. 꽃과 덩굴 등 자연의 형태를 모방한 장식을 많이 활용하였고, 흐르고 물결치는 듯한 유기적 선을 사용한 것이 특징이다. 패션은 아르누보에 영향을 받아 모래시계 스타일과 S 커브 스타일(S Curve Style)이 유행하였다.

1) 이사도라 던컨(Isadora Duncan, 1877∼1927)

이사도라 던컨은 세계 무용의 역사를 바꾸었을 뿐만 아니라, '현대무용의 어머니(The Mother of Modern Dance)'라 불릴 만큼, 무용에 대한 대중의 생각까지 변화시킨 현대무용가의 개척자이다. 1899년 시카고 데뷔 공연 때 그리스 조각상에서 영감을 받아 대담하게 비치고 자유롭게 흐르는 얇은 망사를 입고 맨발로 춤을 추었는데 그녀의 모습은 대중들에게 신선함을 넘어 파격과 충격을 안겨주었다. 발레 외의 춤은 인정받지 못했던 시대에 그녀의 모습은 비도덕적이고 천한 것이라 여겨졌지만, 이사도라 던컨의 우아함과 아름다움에 매료되었던 유명 여배우 패트릭 캠벨(Patrick Campbell)에 의해 상류층에게 알려지면서, 짧은 시간에 유럽 예술 무대에서 가장 중요한 존재로 주목을 받게 된다. 그녀를 대표하는 스카프와 그리스적인 실루엣 의상은 많은 예술가에게 영향을 미쳤다.

2) 카밀 클리포드(Camilla Antoinette Clifford, 1885~1971)

깁슨 걸(Gibson Girl)은 미국의 삽화가 찰스 다나 깁슨(Charles Dana Gibson, 1867~1944)이 그린 그림 속 여성의 모습을 말한다. 카밀 클리포드는 찰스 다나 깁슨의 이상적인 모델을 찾는 잡지 콘테스트에서 우승하며 깁슨 걸을 대표하는 가장 유명한 모델이 되었다. 그녀는 18인치밖에 되지 않은 가는 허리와 둥근 가슴, 힙이 그려낸 멋진 S 커브 실루엣으로 깁슨 걸 스타일의 본보기가 되었다.

3) 릴리 엘시(Lily Elsie, 1886~1962)

릴리 엘시의 본명은 엘시 코튼(Elsie Cotton)이며 에드워드 시대에 영국 배우이자 가수였다. 그녀는 오페라 '메리 위도'에서 메리 위도 해트(Merry Widow hat)를 착용해서 큰 열풍을 일으켰다. 모자는 크라운 부분이 낮고 챙이 넓었으며 값비싼 깃털과 리본으로 장식되었다. 이 모자는 1차 대전 말까지 엄청난 인기를 끌었고 점점 스타일이 변화해 너비와 높이가 터무니없을 정도로 커지기 시작하였다.

4) 알렉산드라 왕비(Queen Alexandra, 1844~1925)

1901년 빅토리아 여왕이 사망하여 남편 에드워드 7세가 영국의 국왕으로 즉위함에 따라 알렉산드라도 왕비가 되었다. 그녀는 시대의 패션 아이콘으로 왕비가 된 후 항상 최고의 패브릭으로 만든 드레스를 입었다. 그녀는 어렸을 때 수술로 인해 목에 작은 흉터를 가지고 있었는데, 이 흉터를 가리기 위해 높은 칼라가 달린 데이 드레스를 입었고 저녁에는 진주와 벨벳으로 된 여러 겹의 초커 목걸이를 착용하였다. 그녀의 스타일은 여성들에게 큰 영향을 미쳤다.

110

그림 1 이사도라 던컨
(Isadora Duncan)

그림 2 카밀 클리포드
(Camilla Antoinette Clifford)

그림 3 릴리 엘시
(Lily Elsie)

2. 뷰티

그림 4 알렉산드라
(Alexandra) 헤어스타일

그림 5 헤어 장식

1900년대는 쾌락주의와 소비주의 성장에 따라 사회적 미적 가치 기준이 변화되어 도발적이고 성적인 여성미에 관한 관심으로 다소 자유롭고 대담한 메이크업이 시작되었다. 립스틱과 향수, 파우더, 흰 피부를 위한 로션, 크림 등 메이크업 제품이 다양하게 출시되었다. 또한 오리엔탈리즘 영향으로 붉은 계열, 검은색을 이용한 짙은 아이 메이크업이 인기를 얻었는데 눈을 옆으로 길어 보이도록 아이라인을 길고 굵게, 입술은 짙은 붉은색으로 글로시하게 표현하였다. 아르누보의 풍요로움과 곡선미가 헤어 형태에도 나타나 퐁파두르 헤어스타일이 유행하였는데 퐁파두르 스타일은 프랑스의 국왕 루이 15세의 정부였던 마담 퐁파두르(Marquise de Pompadoour, 1721~1764)의 헤어스타일이 상류층 여성과 여배우들 사이에서 많은 인기를 얻었다. 퐁파두르 스타일은 시기별로 크게 땋거나, 머리카락을 윗부분에서 묶어 틀어 올린 형태의 시뇽 위치를 다르게 하는 등 다양하게 표현되었다.

앞머리를 마치 술을 늘어뜨린 것처럼 치장한 머리 모양의 알렉산드라(Alexandra) 스타일도 유행하였고(그림 4), (그림 5)와 같이 퐁파두르 머리 모양에 리본, 레이스, 꽃, 깃털 장식을 이용하였다.

남자들의 헤어스타일은 앞머리를 뒤로 빗어 넘긴 형태가 유행하였다.

1900년대 배경 영화

전망 좋은 방(A Room with a View, 1986)은 디자이너 제니비반(Jenny Beavan)이 영화의상을 담당하였다. 에드워디안 블라우스, 테일러드 재킷 등 1900년대 영국의 복식을 로맨틱한 요소를 더해 표현하였다.

그림 6 전망 좋은 방
포스터

그림 7 제니비반(Jenny Beavan)

<h2>● 1910년대 패션 & 뷰티</h2>

1. 패션

1914년부터 일어난 세계 제1차 대전의 영향으로 그동안 상류층에 널리 퍼져 있었던 아르누보의 S 커브 실루엣이 사라지고 아르데코(Art Deco) 양식에 영향을 받아 하이웨이스트에 단순하고 직선적인 실루엣이 유행하였다. 4년간 계속되었던 전쟁으로 인해 여성들은 노동복, 유니폼, 상복 등을 주로 착용하게 되면서 패션이 쇠퇴하기 시작하였다. 의상색은 대체로 가라앉은 색조가 많이 사용되었고 남성의 전유물이었던 검정을 여성 의상에서도 사용하였다. 이 시기에 많은 여성들은 전쟁에 나간 남성을 대신하여 일자리를 채우면서 직장을 가지게 되었고 사회로 진출한 여성들은 생활양식의 변화로 인해 자유와 권리, 여성의 사회진출에 대해 많은 관심을 갖게 되었다.

1909년 세르게이 디아길레프(Sergei Diaghilev)가 프랑스에서 설립한 발레단 '발레뤼스(Ballet Russe)'의 공연은 서유럽에서 큰 열풍을 일으켰는데 그 당시 프랑스 발레와는 차이가 있는 러시아 발레의 큰 생동감과 참신함 때문이었다. 발레단의 인기와 더불어 무용복을 통해 보여준 페르시아, 터키풍의 요소가 패션 등 장식예술에 많은 영향을 주었으며 이로 인해 1910년대 파리는 동양풍이 유행하게 되었다.

1) 니진스키(Nizinskii, 1890~1950)

폴란드계 러시아의 무용가이며 20세기 최초의 남성무용수이다. 1909년 발레뤼스에 입단한 후 주역을 맡아 공연하였다. 짧은 활동 기간에도 불구하고 그의 엄청난 도약과 발끝으로 서는 포인트(Pointe) 기술로 '무용의 신'이라고 불릴 정도로 전설적 명성을 떨쳤다.

2) 마타하리(Mata Hari, 1876~1917)

네덜란드 출신의 댄서로 매혹적인 여성 스파이의 대명사로 불린다. 그녀는 1900년대 초부터 파리에서 반나체로 인도네시아식 춤을 추었는데, 동양적인 신비로운 춤이 입소문을 타면서 최고의 인기를 누렸다. 그녀는 제1차 세계대전 중에 스파이 혐의로 처형되었고 이후 그녀의 삶을 다룬 수십 편의 영화와 서적이 출시되었다.

그림 8 마타하리(Mata Hari)

2. 뷰티

헤레나 루빈스타인(Helena Rubinstein), 엘리자베스 아덴(Elizabeth Arden) 등이 화장품 산업을 창시하고, 무성영화의 영향으로 색조 메이크업이 보편화되기 시작하였다. 하지만 실제 메이크업에 있어서 일반인은 희고 투명한 피부를 선호하여 파우더 처리를 한 희고 매트한 피부 표현, 깔끔한 눈썹 정리 정도로 연출하고, 패션 리더들은 컬러풀한 아이섀도와 레드 립 메이크업 등으로 강한 색조 메이크업을 선보였다.

헤어스타일은 초기에는 아르누보 영향으로 풍성한 헤어스타일이 대부분이었지만, 후기에는 제1차 세계대전, 여성운동의 영향으로 보브 스타일(Bob Style)이 대표 헤어스타일로 등장하였으며, 헤어밴드나 모자 연출이 많이 나타났다.

1) 테다바라(Theda Bara, 1885~1955)

테다바라는 미국 무성영화 시대의 유명한 배우이며, 초기 할리우드의 섹스 심벌이었다. 테다바라의 검은색 아이섀도와 아이라인의 강한 음영을 넣은 진한 아이 메이크업이 유행되어 관능적인 여성미에 관한 일반인의 관심이 높아졌다.

그림 9
테다바라(Theda Bara)

114

그림 10
폴라 네그리(Pola Negri)

2) 폴라 네그리(Pola Negri, 1897~1987)

폴란드 출신의 영화배우로 미국에 진출한 최초의 유럽의 영화배우이다. '마담 뒤바리(Madame Dubarry, 1919)', '하이 디들 디들(Hi Diddle Diddle, 1943)', '문 스피너스(The Moon-Spinners, 1964)'의 영화에 출연하여 인기를 얻었다. 폴라 네그리의 메이크업은 동시대의 뷰티 아이콘인 테다바라와 마찬가지로 눈 주위에 강한 음영을 넣은 검은색 아이섀도와 마스카라를 진하게 발라 신비로운 아이 메이크업을 유행시켰다.

1910년대 배경 영화

그림 11 마이 페어 레이디 포스터

그림 12 세실 비튼
(Cecil Beaton)

마이 페어 레이디(My Fair Lady, 1964)는 화가, 사진작가, 인테리어 디자이너, 영화의상 디자이너인 세실 비튼(Cecil Beaton, 1904~1980)(그림 12)이 의상을 담당하였고 1965년 아카데미 의상상을 수상하였다. 거리에서 꽃을 팔던 소녀가 기품 있는 상류층 숙녀로 변화해 가는 과정을 다양한 의상을 통해 보여준다.

1920년대 패션 & 뷰티

1. 패션

제1차 세계대전 후 여성의 사회적 지위와 사상에 많은 변화가 생겼다. 직업을 갖은 여성이 많아짐에 따라 여성의 지위가 상승하고 여성이 경제적으로 독립하면서 자유로운 생활을 영위할 수 있게 되었다. 이에 따라 그동안 여성에게 강요되었던 행동과 의복 양식에 대한 반항이 짙게 반영된 패션이 등장하였다.

플래퍼(Flapper) 즉, 말괄량이라고 불리는 이 신여성의 스타일은 성숙하고 모성애를 강요했던 고전적인 이미지에서 벗어나, 이전 시대에는 볼 수 없었던 관습에 얽매이지 않고 자유분방한 모습을 탄생시켰다. 플래퍼걸들은 어디에서나 자유롭게 담배를 피웠고 찰스턴(Charleston)을 추었다. 사교 자리에서는 담배를 피우며 입을 수 있는 스모킹 슈트(Smoking Suit)를 입었다.

플래퍼걸이 즐겨 입었던 드레스는 1920년대에서 1930년대에 유행했던 예술 양식인 아르데코의 영향을 받아 직선적인 튜브형 실루엣이 특징이며, 로우웨이스트에 등이 많이 파이고 무릎까지 올라간 짧은 스커트 형태였다. 보이시한 모습을 추구하였기 때문에 코르셋 대신 브래지어를 착용해 가슴 라인을 밋밋하게 만들었다.

'소녀 같은 여성'이라는 뜻의 가르손느 스타일(Garconne style)은 1922년 파리에서 출판된 빅토르 마르그리트(Victor Margueritte, 1860~1918)의 장편소설 '라 가르손느'에서 유래되었다. 여성의 사회 진출이 활발하게 이루어지게 되면서 남성과 마찬가지로 자유로운 사회생활을 하는 젊은 여성들을 가르손느라고 부르게 된 것이 배경이다. 1920년 전반기에 기본 실루엣이 플래퍼 스타일이라면 후반에는 보이시 스타일을 기본으로 해서 좀 더 여자다움을 되찾은 스타일, 즉 가르손느 스타일로 변화하였다.

그림 13 조세핀 베이커
(Josephine Baker)

1) 조세핀 베이커(Josephine Baker, 1906~1975)

1920년대 재즈 음악의 한 종류인 독특한 리듬의 찰스턴(Charleston)

이 전 미국에서 유행하였고, 댄서인 조세핀 베이커에 의해 그 인기가 프랑스와 유럽 전역으로 퍼지게 되었다. 그녀는 바나나 모양의 짧은 스커트와 비드 목걸이로 구성된 의상을 입고 공연을 하였는데 이 모습은 재즈 시대의 상징이 되었다. 찰스턴 댄스가 유행하면서 춤을 더 멋지게 보이기 위해 의상에 프린지 장식을 하거나 긴 목걸이를 연출하여 운동감을 더해주었다.

2) 코코 샤넬(Gabrielle Bonheur Coco Chanel, 1883∼1971)

그림 14 코코 샤넬
(Coco Chanel)

샤넬은 12살 때 모친이 사망한 후 아버지에게 버려져 보육원과 수도원을 전전하며 불우한 어린 시절을 보냈다. 그 후 그녀는 가수를 지망해 밤에는 카바레에서 노래하고 낮에는 보조 양재사로 일을 하며 돈을 벌었다. 이 무렵부터 그녀는 유명 노래 가사에서 딴 '코코'를 예명으로 이름 앞에 붙여 사용하였다. 1910년에는 파리에 작은 모자 상점을 개업하였고 1916년 정식 컬렉션을 발표하여 새로운 디자인과 소재로 화제가 되었다. 1921년 조향사 에른스트 보(Ernest Beaux, 1881∼1961)와 함께 샤넬의 첫 향수인 No·5를 발표하였다. 1925년에는 단순미와 기능미의 극치인 '리틀 블랙 드레스'를 디자인하였고 그동안 상복으로 사용됐던 검은색을 여성의 일상복에 도입하는 혁신을 보여주었다. 샤넬은 몸을 억압했던 코르셋에서 여성들을 해방시켰으며 편하고 활동이 자유로운 여성용 바지를 만들었다. 또한 무릎 근처까지 올라간 치마를 디자인하여 1920년대의 다른 디자이너에게 영향을 미쳤다.

3) 수잔 랭글렌(Suzanne Lenglen, 1899∼1938)

그림 15 수잔 랭글렌
(Suzanne Lenglen)

수잔 랭글렌은 1919년부터 1920년대까지 여자 아마추어 론 테니스계를 석권했으며 윔블던 대회에서 6번이나 우승하는 등 당대 여자 테니스 선수 가운데 가장 뛰어난 선수로 평가받고 있다. 1921년 디자이너 장 파투(Jean Patou, 1887∼1936)는 그녀를 위해 직선적인 실루엣의 민소매 카디건, 짧은 길이의 화이트 실크 플리츠 스커트와 매듭 있는 스타킹, 선명한 오렌지색의 헤어밴드(그림 15)를 디자인하여 윔블던 관중을 놀라게 하였다. 이 의상은 긴 드레스를 입고 큰 모자를 쓴 일반적인 선수와 대조되는 혁신적인 스타일이었다.

2. 뷰티

1920년대에 등장한 새로운 여성상의 등장에 따라 메이크업은 자유로워진 사회적 지위와 해방을 표현하는 도구로 사용되었다. 영화 속에서 표현된 여성은 진한 아이 메이크업과 관능적인 립 메이크업, 짧은 단발머리 스타일이었다.

짙은 색조 메이크업과 함께 최초로 입체적 얼굴을 위한 메이크업 개념이 등장하여 화장품 산업이 부흥하고, 중산계급의 성장으로 여성의 여가활동이 증대되어 햇볕에 그을린 것과 같은 어두운 피부색이 유행하게 되었다.

헤어스타일은 1910년대의 보브 스타일(Bob Style)이 지속적으로 유행하였으며 원랭스 보브(One-Length Bob), 악센트 보브(Accent Bob) 등 다양한 보브 스타일이 나타났으며, 중반기에는 남성 커트 형태와 흡사한 짧은 형태인 셩글(Shingle)이 나타나 조세핀 베이커를 통해 유행되었다.

1) 클라라 보우(Clara Bow, 1905~1965)

1920년대 무성영화 시대의 스타였던 클라라 보우는 섹시하고 말괄량이 같은 역할을 주로 맡았다. 1927년 영화 'It'에 출연한 후 'It girl'이라고 불리며 젊은 여성들이 모방하고 싶은 이미지로 추앙을 받았다. 그녀는 창백한 피부 표현에 아치형 눈썹, 짙은 아이홀 메이크업으로 관능적인 이미지를 완성하였다.

그림 16 클라라 보우
(Clara Bow) 메이크업

눈을 강조하기 위해 눈썹뼈 부분을 하이라이트로 처리하고, 길고 두꺼운 아이라인 처리와 인조 속눈썹을 부착하여 표현하였다. 또한 선명한 레드 컬러를 이용하여 '큐피트의 활'이라고 지칭할 만큼 입술 형태를 인커브로 날렵하게 그려주었으며, 붉은 계열 치크로 인위적인 메이크업을 완성하였다.

2) 루이즈 브룩스(Louise Brooks, 1906~1985)

플래퍼 세대를 대표하는 루이즈 브룩스는 '판도라의 상자', '버림받은 자의 일기', '미스 유럽' 등의 대표작을 통해 짧은 단발 헤어스타일인 보브 헤어스타일(그림 17)을 유행시켰다. 또한 짧은 헤어스타일에 어울리는 클로슈 햇(그림 18)이 등장하였다.

그림 17 루이즈 브룩스(Louise Brooks) 보브 헤어스타일

그림 18 클로슈 햇 (Cloche Hat)

1920년대 배경 영화

위대한 개츠비(The Great Gatsby, 1974)는 영화의상 디자이너 테오니 브이 알드레지(Theoni V. Aldredge, 1922~2011)가 의상을 담당하였고 1920년대 특징을 재해석한 의상으로 오스카와 브리티시 아카데미 의상상을 수상하였다. 랄프 로렌(Ralph Lauren, 1939~)과 협업으로 남자 주인공 로버트 레드퍼드의 세련되고 인상적인 슈트를 제작하였다.

위대한 개츠비(The Great Gatsby, 2013)의 영화의상은 디자이너 캐서린 마틴(Catherine Martin, 1965~)이 담당하여 1920년대 스타일을 21세기의 감성으로 재창조하였다. 여성복은 디자이너 미우치아 프라다(Miuccia Prada, 1949~), 남성복은 브룩스 브라더스(Brooks Brothers)의 도움을 받아 제작하였다.

그림 19 위대한 개츠비 포스터

그림 20 위대한 개츠비 포스터

그림 21 캐서린 마틴 (Catherine Martin)

시카고(Chicago, 2002)의 영화의상은 디자이너 콜린 엣우드(Colleen Atwood, 1948~)가 디자인하였고 2003년 오스카 의상상을 수상하였다. 영화의상을 통해 1920년대의 가혹한 현실과 판타지를 함께 보여주며 뮤지컬 영화의 역동성 또한 자연스럽게 표현하고 있다.

그림 22 시카고 포스터

그림 23 콜린 엣우드 (Colleen Atwood)

1930년대 패션 & 뷰티

1. 패션

1929년 '검은 목요일'로 촉발된 대공황은 전 세계에 영향을 끼쳤다. 미국에서는 남성들의 일자리 확보를 위해 산업계에서 일하는 여성을 가정으로 되돌려 보내려는 운동이 일어났다. 사회는 여성에게 보수적이고 전통적인 모습을 강요하였으며 이렇게 비활동적이길 원하는 분위기로 인해 여성들은 남성에게 일자리를 양보하고 가정으로 되돌아갔다. 이런 현상은 여성 패션에도 영향을 미쳐 1920년대 로우웨이스트의 소년 같은 모드에서 허리선이 되돌아오고 여성의 라인을 강조한 전통적이고 성숙한 실루엣으로 변화되었다.

1930년대에는 '롱 앤 슬림 실루엣(Long & Slim style)'의 우아하고 여성스러운 스타일이 주를 이루었고 이에 영향을 받아 몸매가 날씬하게 보이도록 스포츠와 다이어트 등이 유행하였다. 이와 더불어 스포츠웨어와 레저웨어, 캐주얼웨어가 대중화되었다.

복식은 시간과 장소, 용도에 따라 타운웨어, 스포츠웨어, 이브닝웨어 등으로 세분되기 시작하였다. 기성복이 탄생하고 저렴한 인조 직물이 생산되기 시작하면서 패션은 소수의 특권층뿐만 아니라 대부분의 사람이 사용할 수 있게 변화하였다.

1936년 프랑스에서 처음으로 유급휴가가 생기면서 수영복과 비치웨어가 인기를 끌었고 라텍스(Lastex)의 발명으로 수영복은 훨씬 더 편안하고 가벼워졌다. 어깨, 등, 가슴 부분을 많이 파고 소매가 없는 비치웨어가 출시되고 바지통이 넓은 파자마 위에 소매 없는 블라우스를 입거나 등을 노출하는 일광욕 복장이 성행하였다.

1930년대에 무성영화가 유성영화로 대체되면서 영화 산업은 제1의 황금시대가 열렸으며, 불행하고 우울했던 시대에 즐거움을 주고자 밝고 희망찬 내용의 뮤지컬 영화가 성행하였다. 이러한 영화들은 현실 세계에 도피처를 만들어 주었고 많은 영화배우의 스타일이 대중들에게 영향을 미쳤다. 영화 속 의상을 집에서 직접 만들어볼 수 있도록 패턴을 만들어 제공하는 회사도 생길 만큼 스크린 패션이 대중화되었다.

1) 에이드리언(Adrian Adolph Greenburg, 1903~1959)

영화의상의 대중화를 이끌었던 에이드리언은 1920년대부터 1930년대에 할리우드 스타들의 스타일을 창조하였다. 1928년 이후 MGM의 의상 디자이너로 고용되었고 13년 동안 200편 이상 영화의 의상 디자이너로 활약하였다. 그의 영화 의상은 미국을 비롯하여 전 세계 수많은 여성에게 영향을 미쳤고 사랑을 받았다. 영화 레티 린턴(Letty Lynton, 1932)

그림 24 에이드리언(Adrian Adolph Greenburg)

그림 25 레티 린턴 드레스 (Letty Lynton Dress)

의 여주인공이었던 조앤 크로퍼드(Joan Crawford, 1905~1977)는 넓은 어깨를 가진 체형이었다. 에이드리언은 어깨를 한껏 부풀린 러플 드레스로 그녀의 체형을 자연스럽게 커버했으며, 배우의 모습을 한껏 우아하게 보이도록 만들었다. '레티 린턴 드레스(Letty Lynton Dress)'(그림 25)라 불렸던 이 의상은 복제가 되어 50만 장 이상이나 팔렸고, 이후 어깨를 강조하는 스타일의 유행을 불러일으켰다.

2) 그레타 가르보(Greta Garbo, 1905~1990)

1922년 영화계에 데뷔한 그레타 가르보(Greta Garbo, 1905~1990)는 할리우드 최고의 인기스타로 은막의 여왕으로 군림하였다. 신비한 매력으로 스크린을 장악하였고 전 세계의 많은 여성들이 그녀의 스타일을 모방하려고 시도하였다. 넓고 물결치는 브림이 달린 가르보 햇(Garbo Hat)은 에이드리언이 창안하여 스타일링하였다. 이 모자는 챙이 넓어서 얼굴에 그림자를 드리우는 특징 때문에 가르보를 한층 신비하게 보이게 하였고 그레타 가르보의 인기에 힘입어 크게 유행하였다.

3) 마를렌 디트리히(Marlene Dietrich, 1901~1992)

마를렌 디트리히는 당대 최고의 각선미 소유자로 1930년대와, 1940년대에 섹스 심벌로 주목받았다. 그녀는 1930년 '블루 엔젤(The Blue Angel, 1930)'에 캐스팅된 후 세계적인 스타로 성장하게 된다. 영화 '모로코(Morocco, 1930)'에서 그녀의 시그니처 룩으로 각인된 모자, 턱시도, 흰색 나비넥타이를 입은 모습을 선보였는데 대중들은 중성적이고 도발적인 모습에 매료되었다. 마를렌 디트리히는 여성들에게 바지가 금기시되었던 1930년대부터 바지를 평상복처럼 입고 다녀서 늘 대중의 시선을 한 몸에 받았다. '디트리히 슈트'라고 불렸던 그녀의 대담한 복장은 당당한 그녀의 태도와 함께 매니시룩(Manish Look)의 시초로 알려져 있다.

4) 진 할로(Jean Harlow, 1911~1937)

진 할로는 1929년 하워드 휴즈(Howard Hughes, 1905~1976)에 의해 발탁되어 영화 '지옥의 천사들(Hell's Angels, 1930)'의 주인공이 되었다. 그녀는 은빛이 도는 금발과 글래머러스한 육체의 소유자로서 대공황 시대에 침체되었던 사회 분위기에 신선한 자극을 주었다. 특히 그녀가 입은 홀터넥(Halterneck)의 흰색 이브닝드레스 즉, '진 할로 가운'은 폭발적으로 인기를 끌었다.

2. 뷰티

암울한 시대적 상황 속에서 불확실하고 어두운 현실을 도피하고자 하는 갈망으로 인해 뷰티에 관한 관심과 유행은 지속되어 모든 여성들이 화장품을 사용하였다.

1930년대 대공황과 여성운동의 퇴조로 인해 성숙하고 여성적인 이미지의 메이크업과 우아한 느낌을 표현할 수 있는 퍼머넌트 웨이브 스타일(Permanent Wave Style)이 등장하였다. 또한 영화산업의 발달로 인해 영화 속 스타들은 미의 기준이 되어 그들을 추종하고 모방하는 양상이 짙어졌다.

그림 26 그레타 가르보
(Greta Garbo)

1) 그레타 가르보(Greta Garbo, 1905~1990)

그레타 가르보(그림 26)는 굴곡이 심한 아치형의 눈썹, 블랙과 그레이 컬러로 아이홀 테크닉을 이용한 메이크업을 표현하였다. 깊은 입체감을 부여하기 위해 길고 선명한 아이라인 처리로 큰 눈을 부각시켰으며, 짙은 아이 메이크업과 조화를 줄 수 있는 선명하되 톤 다운된 레드 계열의 립 메이크업을 연출하여 이국적인 이미지를 표현하였다.

2) 마를렌 디트리히(Marlene Dietrich, 1901~1992)

얇은 형태의 정교한 아치형 눈썹표현과 각진 치크 표현으로 마를렌 디트리히의 특유의 중성적인 이미지와 냉소적인 이미지로 대표되는 할리우드 스타였다.

3) 진 할로(Jean Harlow, 1911~1937)

진 할로(그림 27)는 영화 '카프라(Capra)'에서 금발의 웨이브 헤어스타일로 뇌쇄적인 이미지를 표현하였다. 메이크업 역시 조각한 듯 정교한 입체감 표현을 한 베이스 처리와 높은 아치형의 눈썹, 브라운 계열의 아이섀도로 음영을 주었으며, 선명한 아이라인과 립 메이크업으로 섹시한 이미지를 부각시켰다.

그림 27 진 할로
(Jean Harlow)

1930년대 배경 영화

어톤먼트(Atonement, 2007)는 영화의상 디자이너 재클린 듀런(Jacqueline Durran, 1999~)이 의상을 담당하여 1930년대의 정서와 감성을 의상을 통해 보여주었다. 영화 속에 여주인공이 입고 나온 그린 색 드레스는 타임지가 뽑은 '영화 사상 최고의 의상'에서 1위로 선정되었다.

그림 28 어톤먼트 포스터

**그림 29 킹콩
포스터**

킹콩(King Kong, 2005)의 영화의상은 테리 라이언(Terry Ryan)이 디자인하였다. 영화를 위해 1,500개 이상의 의상이 제작되었고 호주, 런던, 로스앤젤레스 등에서 가져온 수백 가지의 빈티지 스타일로 경제 대공황 시기의 분위기를 재현하였다. 엠파이어 빌딩 위에서 킹콩과 함께 있는 여주인공의 화이트 이브닝드레스는 극한의 상황을 아름답게 보이도록 만들었다.

그림 30 영화 보니 앤 클라이드 포스터

보니와 클라이드(Bonnie and Clyde)는 테아도라 반 렁클(Theadora Van Runkle)이 의상을 기획하였다. 1930년대 전반에 미국 중서부에서 은행 강도와 살인을 반복한 보니 파커(Bonnie Elizabeth Parker, 1910~1934)와 클라이드 배로(Clyde Chestnut Barrow, 1909~1934) 커플을 주제로 한 영화로 1960년대 개봉할 당시 그 당시 유행했던 미니스커트 열풍을 누르고 미디스커트를 유행시켰으며, 여주인공 보니의 퇴폐적이고 반항적인 이미지에서 모티브를 얻은 '보니룩'을 탄생시켰다. 이 스타일은 롱 앤 슬림 실루엣을 기반으로 하였고 미디스커트, 긴 카디건, 심플한 테일러드 재킷, 브이네크라인 스웨터, 스카프와 베레모로 구성되었다.

1940년대 패션 & 뷰티

1. 패션

1930년대가 끝나갈 무렵 제2차 세계 대전이 발발하였다. 제2차 세계 대전은 패션에 깊은 영향을 미쳤다. 전쟁으로 많은 남성이 희생되면서 여성들은 남성 대신 군에 입대하여 군수용품을 만드는 공장에서 일하거나 다양한 분야의 산업 전선으로 뛰어들게 되었다. 여성의 사회참여가 확대되면서 바지 착용이 보편화되었으며 작업복 형태의 실용적인 의복을 입게 되었다. 패션은 군복에 영향을 받거나 기능적이고 실용적인 스타일로 변화되었다.

전쟁으로 인한 의류 재료 및 노동력 부족에 대응하기 위해 유틸리티 클로스(Utility Cloth)가 시행되었다. 유틸리티 클로스 규정에 따라 민간인들은 배급권을 발급받아 주어진 배급권만으로 의복을 살 수 있었다. 이는 기성복 사업에도 영향을 주어 남녀 의복 모두 단추의 수, 주름의 사이즈나 소매의 폭, 사용되는 옷감의 양 등을 엄격히 제한하였고 일반적으로 디자인을 단순화시키고 디테일을 축소하였다.

1) 윈스턴 처칠(Winston Leonard Spencer Churchill, 1874~1965)

제2차 세계대전 중 계속되는 공습으로 모든 연령층과 계층의 여성들은 사이렌이 울렸을 때 빨리 입을 수 있는 '사이렌 슈트(Siren Suit)'라고 불리는 의상을 착용하였다. 이 의상은 영국 총리였던 윈스턴 처칠이 전시 유니폼으로 입었던 보일러 슈트(Boiler Suit)에서 시작되었다. 당시 여성은 외출할 때 반드시 스타킹을 신어야 했지만, 사이렌 슈트(Siren Suit)를 입으면 따로 스타킹을 착용하지 않아도 되었고 치마보다 활동이 자유로웠으며 입고 벗는 데 간단하였다. 게다가 종이와 귀중품을 넣을 수 있는 포켓이 따로 있어 가방을

그림 31 여성용 사이렌 슈트
(Siren Suit)

들지 않아도 되었기 때문에 여성들에게 특히 인기가 있었다(그림 31).

2) 아이젠하워 장군(Dwight David Eisenhower, 1890~1969)

아이젠하워 재킷(Eisenhower Jacket)(그림 32) 또는 IKE 재킷은 제2차 세계대전 후반 미국 육군을 위해 개발된 허리길이의 짧은 재킷 또는 블루종의 일종을 말한다. 아이젠하워 장군이 즐겨 입었던 것으로부터 유래되었고 남녀 겸용의 캐주얼로 일반인에게도 유행하였다.

그림 32 아이젠하워 재킷
(Eisenhower Jacket)

3) 몽고메리(Bernard Law Montgomery, 1887~1976)

그림 33 몽고메리 베레모
(Montgomery beret)

몽고메리 베레모(Montgomery beret)(그림 33)란 제2차 세계대전 중 영국군 몽고메리 공군 사령관이 애용했던 베레모를 말한다. 몽고메리 애칭에 연유하여 몬티 베레라고도 불렀다. 또한 몽고메리 사령관은 더플코트(Duffle Coat)를 처음 입은 인물로도 알려져 있는데, 흔히 '떡볶이 코트'라 불리는 더플코트는 거친 모직으로 만들어진 군용 코트로, 제2차 세계대전 후 스포츠 코트에 사용되어 인기를 끌면서 대중화되었다.

4) 베티 그레이블(Betty Grable, 1916~1973)

그림 34 베티 그레이블
(Betty Grable)

13살부터 연예 활동을 한 베티 그레이블은 노래와 춤 실력이 뛰어났다. 그녀는 제2차 대전 중 핀업걸과 뮤지컬 스타로 할리우드에서 가장 인기 있는 배우였으며 암울한 전시에 긍정적이고 낙관적인 분위기를 전파하였다. 그녀는 영화 '다운 아젠틴 웨이(Down Argentine Way, 1940)'를 통해 스타가 되었고 훌륭한 각선미 때문에 섹스 심벌로 인정받아 제2차 세계대전 동안 그녀의 유명한 핀 업 포즈는 전 세계 막사를 장식하였다.

5) 리타 헤이워드(Rita Hayworth, 1918∼1987)

미국의 배우이자 무용수인 리타 헤이워드는 1940년대를 대표하는 톱스타이다. 매력적이고 관능적인 그녀는 사랑의 여신(The Great American Love Goddess)이라고 불렀다. 그녀는 1941년 라이프 잡지에 실린 사진 한 장(그림 35)으로 베티 그레이블과 함께 제2차 세계대전 최고의 핀업걸 스타가 되었다.

그림 35 리타 헤이워드
(Rita Hayworth)

독일 필름 주의 영화의 영향을 받은 누아르(Noire) 영화는 미국으로 망명한 독일 감독들에 의해 1940년대에서 1950년대 초까지 할리우드 영화의 주를 이루었다. 이전에 할리우드 영화와는 다른 특징을 발견한 프랑스의 비평가들에 의해 필름 누아르라 칭해지면서 하나의 영화 장르로 자리매김하게 되었다. 1940년대 이후 남성의 일자리를 대신했던 여성의 사회적 지위 상승은 전통적 가치관에 위협을 가하는 것이었고 남성에게는 권위에 대한 도전으로 생각되었다. 누아르 영화는 이를 반영하여 여성은 사회와 가정의 틀을 깨는 악녀로, 이에 대항하는 남성은 정의를 지키는 선의 존재로 표현하였다. 누와르 속의 악녀란 자신의 신체를 이용, 남성들을 유혹하여 이득을 취하고 결국 파멸에 이르게 하는 치명적인 매력을 가진 팜므파탈(Femme fatale)을 말한다.

리타 헤이워드는 1946년 누아르 영화 '길다(Gilda, 1946)'에서 어깨가 드러나는 검은 드레스를 입은 고혹적인 팜므파탈을 연기했는데 이를 통해 팜므파탈의 대명사로 자리매김했으며 세계적인 스타덤에 올랐다.

6) 험프리 보가트(Humphrey Bogart, 1899∼1957)

험프리 보가트는 거의 40세가 되어서야 배우로서 지명도를 얻기 시작하였다. 그는 할리우드 배우로서는 다소 작은 170cm 중반의 키에 전형적인 미남은 아니었다. 대신 딱딱한 인상 뒤에 숨은 인간미가 영화 속에 투영되어 대중의 사랑을 받았다. 영화 '카사블랑카(Casablanca, 1942)'에는 험프리 보가트의 매력이 집약되어 있다. 페도라와 트렌치코트

그림 36 험프리 보가트
(Humphrey Bogart)

를 착용하고 사랑을 위해 고뇌하는 남자의 쓸쓸함을 잘 표현하였다. 이 영화로 인해 험 프리 보가트는 트렌치코트의 영원한 상징이 되었고, 제2차 대전 후에 여성들까지 트렌치 코트를 일상복으로 입게 되는 데 영향을 미쳤다.

2. 뷰티

1940년대 초기에는 제2차 세계대전 후 화장품 산업의 침체기를 겪었으며, 후기는 여성 의 사회진출로 메이크업에 대한 관심이 고조되어 다양한 컬러 립스틱 및 리필형 립스틱 이 개발되었다. 또한 영화의 분장용으로 개발된 팬케이크 형태의 파운데이션으로 입체감 있는 베이스 처리와 정교한 눈썹 표현, 그레이나 그린 컬러의 아이섀도, 꼬리를 길게 뺀 형태의 짙은 아이라인, 아웃커브의 립 표현 등으로 강한 메이크업이 유행되었다.

　헤어스타일 역시 시대적 상황이 반영되어 복고적인 무드가 다시 나타나게 되어 여성스 러운 아름다움을 강조한 레이어드 스타일과 중간 길이의 머리를 위로 빗어 정수리에 고 정 후 웨이브를 준 업 스위프 스타일(Up Sweep Style)이 등장하였으며, 미디엄 웨이브 스타일(Medium Wave Style)이 유행하였다. 1944년부터는 모자 대신 스카프를 쓰는 것 이 대중화되었으며, 모자는 크기가 작은 베레 형태를 많이 착용하였다.

1) 리타 헤이워드(Rita Hayworth, 1918~1987)

1940년 핀업걸의 상징인 리타 헤이워드는 창백한 피부표현에 두껍고 뚜렷한 눈썹, 브라 운, 그린 계열의 강한 아이섀도와 길고 두꺼운 아이라인, 아 웃커브의 립 표현 등으로 관능적 이미지를 연출하였으며 뾰 족한 레드 네일을 유행시켰다.

2) 베로니카 레이크(Veronica Lake, 1922~1973)

베로니카 레이크는 영화 '아이 원티드 윙스(I Wanted Wings, 1941)' 촬영 도중에 실수로 그녀의 머리칼이 오른쪽 눈을 가리면서 피카부(Peek-A-Boo)라는 시그니처 스타일

그림 37 베로니카 레이크
(Veronica Lake)

을 만들게 되었다.

하지만 많은 대중들이 베로니카 레이크의 헤어스타일을 따라 하다 머리카락이 기계에 걸리는 사고가 자주 발생하게 되면서 정부는 공장에서 일하는 여성들의 안전을 위해 베로니카에게 피카부 헤어스타일을 하지 말 것을 요구하였다. 그 후 베로니카 레이크는 헤어스타일을 변경하였고, 피카부 헤어스타일을 버린 베로니카는 인기가 점차 사그라졌다.

3) 캐서린 햅번(Katharine Hepburn, 1907~2003)

캐서린 햅번은 미국적 스타일을 확립한 여배우로서 큰 키와 강한 성격으로 유명하였다. 화려하고 치장을 많이 한 일반적인 할리우드 스타일과는 다르게 심플한 바지 정장 등으로 수수하면서도 안정감 있는 미국 스타일을 확립하였다. 붉은 계열 헤어스타일로 지적이면서도 강한 여성 이미지를 나타냈다.

그림 38 캐서린 햅번
(Katharine Hepburn)

1940년대 배경 영화

에비타(Evita, 1996)는 디자이너 페니 로즈(Penny Rose, 1976~)가 의상을 담당하여 1940년대 상류층 복식과 서민 복식을 그대로 재현하였다. 에바 페론(María Eva Duarte de Perón, 1919~1952)의 모든 사진을 분석하고 고증하여 에비타의 이미지를 재창조하였고 주인공 마돈나(Madonna, 1958~)를 통해 에비타룩을 탄생시켰다.

노트북(The Notebook, 2004)의 의상을 디자인한 카린 와그너(Karyn Wagner)는 실화를 바탕으로 한 두 남녀의 아름다운 사랑 이야기를 화려하지 않은 의상으로 표현하였다. 시대복의 리얼리티를 강조하였고 의상색과 아이템으로 대중이 캐릭터와 배경을 쉽게 이해하도록 기획하였다.

그림 39 에비타 포스터   **그림 40 노트북 포스터**

얼라이드(Allied, 2017)의 영화의상은 디자이너 조안나 존스톤(Joanna Johnston)(그림 42)이 1940년대 고증을 위한 다양한 자료를 참고하여 디자인하였다. 주인공의 의상은 1940년대 할리우드 패션 아이콘들에서 영감을 받았고 시대 특징이 깨지지 않도록 영화의 콘셉트에 맞게 부분적으로 재해석하였다. 의상의 변화를 통해 전쟁의 흐름과 캐릭터의 심리를 파악할 수 있도록 연출하였다.

그림 41 얼라이드 포스터   **그림 42 조안나 존스톤**
(Joanna Johnston)

• 1950년대 패션 & 뷰티

1. 패션

제2차 세계 대전이 끝난 후 사회는 여성들에게 주부다운 모습을 강요하였다. 모래시계 실루엣을 추구한 1950년대의 패션은 성숙하고 화려했으며 관능적이고 엘레강스하였다. 여성은 옷을 사는 데 많은 돈을 쓰기 시작하였고 라디오, TV, 잡지는 매일같이 여성들에게 남편을 위해 아름다워져야 한다는 욕망을 일깨워주었다.

전쟁 중 세계와 단절된 파리는 다시 패션의 주도권을 되찾았다. 디자이너들은 1년에 두 차례 패션쇼를 개최했으며 미국과 영국은 종종 파리 컬렉션의 의복을 복제하여 백화점에서 판매할 수 있는 저렴한 버전으로 복제하였다.

패션계에서는 디자이너들의 작품 세계가 반영된 고급 맞춤복인 오뛰꾸뜨르가 성행하면서 크리스찬 디올, 발렌시아가, 지방시 등 여러 오뛰꾸뜨르 디자이너가 함께 활약하였다. 1947년 뉴룩을 디자인한 디올은 이후 H, A, Y, F, 오벌, 튤립 라인 등 수많은 라인을 지속해서 발표하며 1950년대 '라인의 시대'를 이끌었다.

미국에선 컬러텔레비전과 할리우드 영화산업의 발전에 힘입어 확산한 새로운 문화가 대중의 라이프 스타일에 큰 영향을 미치게 되었다. 영화배우들은 패션의 아이콘으로 부각되었고, 영화에서 보여주는 주인공의 스타일이 패션의 흐름을 주도하면서 대중은 이들의 패션을 모방하기 시작하였다.

제2차 세계대전 이후 사회구조의 와해는 가치관이 붕괴를 가져오면서 부모들이 간직했던 전통문화와 자신들의 정체성 사이에서 방황하는 젊은 세대는 기성세대로부터 탈피하고자 새로운 형태의 청년문화를 만들었다. 청소년은 TV와 영화에서 부각되는 스타들의 스타일과 반항적인 태도를 따라 하였다.

1) 에디스 헤드(Edith Head)

에디스 헤드(Edith Head)는 약 500여 편의 영화의상을 디자인한 할리우드 최고의 디자이너이다. 8번의 아카데미 의상상을 받았고 35번의 의상상 후보가 될 만큼 배우의 캐릭터를 가장 잘 살리는 디자이너로 유명하다. 영화 '티파니에서 아침을(Breakfast At Tiffany's, 1961)', '사브리나', '로마의 휴일(Roman Holiday, 1953)'에서 오드리 햅번의 스타일을, '젊은이의 양지(A Place In The Sun, 1951)'에서 엘리자베스 테일러의 스타일을, 히치콕 감독의 영화 속에 그레이스 켈리 스타일 등을 창조하였다. 그녀는 배우들이 가장 선호한 디자이너였으며 그들이 할리우드 최고의 배우가 되게 하는 데 큰 역할을 하였다.

2) 오드리 햅번(Audrey Hepburn, 1929~1993)

그림 43 오드리 햅번
(Audrey Hepburn)

오드리 햅번은 20세기 대중문화의 상징이며 대중의 패션에 지대한 영향을 끼친 배우로도 유명하다. 1953년에 윌리엄 와일러 (William Wyler, 1902~1981) 감독의 '로마의 휴일'에서 여주인공인 앤 공주역을 맡아 짧은 커트 헤어를 유행시키며 세계적인 스타가 된다. 1954년 '사브리나'에서는 디자이너 지방시와 인연을 맺어 그가 디자인한 의상 중 극 중 역할 이름을 딴 사브리나 팬츠를 유행시켰다. 또한 '티파니에서 아침을'에서는 그녀가 입은 블랙 드레스가 대중의 사랑을 받았다. 그녀는 당시 인기 있던 글래머러스한 몸매와는 다른 호리호리한 체형을 가지고 있었지만, 지적이며 사랑스러운 이미지와 뛰어난 연기력으로 그녀만의 스타일을 완성하였다.

3) 마릴린 먼로(Marilyn Monroe, 1926~1962)

그림 44 마릴린 먼로
(Marilyn Monroe)

1946년 그녀는 노마 진이라는 이름을 마릴린 먼로로 바꾸고 20세기 폭스사와 계약을 맺는다. 달력의 누드모델로 일한 것이 계기가 되어 '쇼킹 미스 필그림(The Shocking Miss Pilgrim, 1947)'에 단역으로 출연하면서 스크린에 데뷔하였고 '나이아가라(Niagara, 1953)'의 주연을 맡으면서 섹스 심벌로 자리매김하였다. 허리를 졸라매고 풍만한 가슴을 강조하는 글래머룩 즉, 먼로룩을 탄생시켰으며 독특하게 엉덩이를 흔들며 걷는 먼로 워크를 선보여 스타덤에 올랐다. '7년 만의 외출(The Seven Year Itch, 1955)'의 한 장면인

지하철 환풍구 바람에 드레스가 들어 올려지는 관능적이면서도 코믹한 장면으로 세간의 관심을 끌면서 세계적인 스타가 되었다.

130

4) 엘리자베스 테일러(Elizabeth Taylor, 1932~2011)

그림 45 엘리자베스 테일러
(Elizabeth Taylor)

엘리자베스 테일러는 1950년대와 1960년대 할리우드의 대표적인 여배우이며 세기의 미인으로 불린다. 1942년 10살에 영화 '귀로'로 데뷔하였고 '젊은이의 양지(A Place In The Sun, 1951)'를 통하여 성인 연기를 시작하면서부터 세계적인 스타로 발돋움하였다.

1950년대 최고의 전성기를 누리던 엘리자베스 테일러는 검은 머리에 고혹적인 바이올렛 눈빛과 관능적인 몸매의 소유자로 시대를 대표하는 미의 상징이 되었다.

그녀는 영화 '뜨거운 양철 지붕 위의 고양이(Cat On A Hot Tin Roof, 1958)'에서 펜슬 스커트를 입어 유행시켰는데, 펜슬 스커트란 1954년에 크리스찬 디올이 처음 선보였던 무릎길이의 스커트로 연필과 같이 길고 호리호리한 모양 때문에 붙여진 이름이다.

5) 그레이스 켈리(Grace Kelly, 1929~1982)

그림 46 그레이스 켈리
(Grace Kelly)

미국의 여배우인 그레이스 켈리는 1950년 20세의 나이로 연기를 처음 시작한 후 뉴욕에서 연극과 생방송 드라마에 출연하였다. 1954년 아카데미 여우주연상을 받은 갈채(The Country Girl, 1954)를 비롯해 5개의 영화에 주연으로 출연하였으나, 26살에 은퇴하고 레니에 3세(Rainier III, 1923~2005)와 결혼해 모나코의 왕비가 되었다.

1950년대 풍의 우아하고 품위 있는 여성처럼 보이도록 하는 옷차림을 레디 라이크 룩(Lady like Look)이라고 하며 대표적인 스타일로 뉴룩이 있다. 그레이스 켈리는 레디 라이크 룩의 대표 아이콘으로, 히치콕 감독의 영화에 출연할 때 바디라인을 강조하는 뉴룩 스타일을 즐겨 입어 우아하고 품위있는 그녀만의 스타일을 각인시켰다.

6) 엘비스 프레슬리(Elvis Aron Presley, 1935~1977)

그림 47 엘비스 프레슬리
(Elvis Aron Presley)

미국의 가수, 작곡가, 음악가, 배우인 엘비스 프레슬리는 로큰롤의 제왕이라고 불린다. 그는 백인이면서 흑인의 창법을 구사함으로써 흑인문화와 백인문화를 혼합시켜 대중화시켰다. 그가 즐겨 입었던 맨 위에 단추를 채우지 않고 풀어놓은 스포티한 감각의 턴업 셔츠는 젊은 남성들 사이에서 크게 유행하였다. 당시 기성세대뿐만 아니라 틴에이저까지 엘리스 프레슬리에게 열광하였는데 셔츠를 풀어 헤치고 허리를 흔들면서 노래하는 열광적인 제스처를 통해 관능적이고 남자다운 이미지를 각인시켰다. 그는 1950년대 중반, 체형이 그대로 드러나도록 몸에 꼭 맞게 입는 스키니진을 처음 착용하여 유행시켰고 이후 스키니진은 각 시대를 대표하는 패션 아이콘에 의해 지속해서 유행되었다.

7) 제임스 딘(James Dean, 1931~1955)

그림 48 제임스 딘
(James Dean)

제임스 딘이 연기한 작품은 '자이언트(Giant, 1956)', '에덴의 동쪽(East Of Eden, 1955)', '이유 없는 반항(Rebel Without A Cause, 1955)'이며 자이언트를 끝으로 그의 나이 24살 때 교통사고로 죽음을 맞이하였다. 비록 세 작품에 출연했을 뿐이며 영화배우로 활동한 기간은 2년이 채 안 되지만 그의 이름은 청춘과 반항의 상징으로 남아있다.

그가 영화 '이유 없는 반항'에서 착용했던 칼라가 달리고 앞을 지퍼로 잠그는 빨간색 헤링톤 재킷(Harrington jacket)과 흰색 티셔츠, 폴로셔츠, 리바이스 청바지, 리 101 라이더스 청바지는 큰 인기를 끌었다. 특히 그동안 작업복으로 인식되었던 청바지는 제임스 딘으로 인해 반항과 자유의 의미가 부여되었고 청년 문화의 상징이 되었다.

8) 말론 브란도(Marlon Brando, 1924~2004)

그림 49 말론 브란도
(Marlon Brando)

말론 브란도는 잘생긴 외모와 넘치는 야성미로 당시 젊은 세대들에게 엄청난 사랑을 받았다. 영화 '위험한 질주(The Wild One, 1953)'에서는 청년 시대의 반항을 표현함으로써 당대 청년문화의 아이콘이 되었고 이 영화를 통해 가죽점퍼에 롤업 된 청바지를 입고 모터사이클을 타는 그의 모습은 라이더룩의 상징이 되었다.

2. 뷰티

그림 50 헤어플라워장식

1950년대에는 전쟁이 종식되고 남성들이 가정으로 돌아오게 됨에 따라 이상형이 가정적인 여성상으로 변화되어 성숙하고 여성스러운 이미지의 뷰티 스타일이 유행하게 되었다. 또한 할리우드 영화발달과 컬러 TV의 영향으로 다양한 색조 메이크업 제품이 출시되었으며, 의상 색과 메이크업 색의 조화를 이루는 경향이 나타났다.

헤어스타일은 크리스찬 디올의 뉴룩 스타일 영향으로 작은 헤어 형태의 짧은 머리와 긴 머리를 뒤로 빗어 올린 프렌치(Franch) 스타일과 포니테일(Pony Tail) 스타일이 인기를 얻었다. 또한, 페이지 보이 보브(Page Boy Bob) 스타일, 픽스 커트(Fix Cut) 스타일도 등장하였으며 후기로 가면서 히피 스타일, 비틀스 스타일 등 웨이브로 부풀린 헤어스타일도 유행하였다.

1) 마릴린 먼로(Marilyn Monroe, 1926~1962)

마릴린 먼로는 관능적이고 섹시한 이미지의 대명사로 밝은 피부표현과 두껍고 진한 직선형 아이브로, 아이섀도는 피치와 브라운 컬러로 부드럽고 자연스럽게 표현하되 아이라인

을 눈꼬리가 올라가는 형태로 굵고 길게 과장성을 부여하
였다.

광대를 중심으로 윤곽을 강조한 치크 표현과 레드 계열의 도
톰한 립 표현으로 관능적인 이미지를 완성하였다.

마릴린 먼로의 짧고 웨이브 진 풍성한 금발 스타일과 금발이
나 브론즈 색상의 헤어 컬러링이 대중적으로 큰 인기를 얻었다
(그림 51).

그림 51 마릴린 먼로

2) 오드리 햅번(Audrey Hepburn, 1929~1993)

오드리 햅번(그림 52)은 깨끗한 피부 표현에 아이브로는 인위
적이지 않은 직선적인 표현, 아이섀도는 두드러지지 않도록 자
연스럽게 표현, 끝이 치켜 올라가는 형태로 강조하고, 누디한
브라운 컬러 계열의 치크와 립으로 표현하여 우아하면서도 청
순한 이미지를 완성하였다. 또한 헤어스타일을 픽스 커트 스타
일로 경쾌하고 귀여우며 세련되게 연출하였다.

그림 52 오드리 햅번

1950년대 배경 영화

**모나리자 스마일(Mona Lisa Smile,
2003)**은 디자이너 마이클 데니슨
(Michael Dennison)이 영화의상을
기획하였다. 1950년대 스타일을 현
대패션과 믹스해 여성스러움과 친
숙함을 승화시켰고 영화의 배경인
웨즐리 대학의 졸업 앨범을 분석하
여 영화의상에 반영하였다. 1950년
대의 실루엣을 만들기 위해 그 당시
속옷을 사용하기도 하였다.

그리스(Grease, 1978)의 영화의상
은 디자이너 알버트 월스키(Albert

그림 55 알버트 월스키
(Albert Wolsky)

그림 53 모나리자 스마일
포스터

그림 54 그리스 포스터

그림 56 아메리칸 그라피
티 포스터

Wolsky)(그림 55)가 담당하였다. 1950년대 로큰롤에 열광하는 10대들의 다양한 모습과 심
리를 의상색과 다양한 패션 아이템을 통해 묘사하였다.

애기 게라르스 로저스(Aggie Rodgers)가 의상을 맡은 **아메리칸 그라피티(American
Graffiti, 1973)**는 미국 청년문화의 다양한 측면을 관찰하고 그들 패션의 특징과 로큰롤 문화
를 반영하여 재창조하였다. 이 영화에서 보인 의상들은 1950년대 청년 패션을 너무나 잘 반
영하였고 이것이 계기가 되어 1950년 청년룩을 '그라피티룩'이라고 부르기도 한다.

● 1960년대 패션 & 뷰티

1. 패션

1960년대 기술과 산업의 발달은 물질의 풍요를 가져왔으며 이를 기반으로 여러 분야에서 창조적인 발전을 이루었다. 소비문화와 여가 활동, 오락이 성행하였고 TV, 영화, 잡지 등을 통해 대중문화가 확산되었다.

베이비붐 세대가 성장하여 청소년의 인구 비중이 커지게 되고 청소년들이 강력한 소비 계층으로 부상하여 패션을 주도하게 되면서 '영패션의 시대'가 열렸다. 패션리더로 등장한 젊은이들은 보수적인 계급사회에 대한 반항과 새로운 세계에 대한 갈망이 담긴 다양한 패션 스타일을 탄생시켰다. 이러한 청년들의 특징을 대변하는 유스퀘이크(Youthquake)는 '청년'과 '지진'의 합성어로 청년들의 반란이라는 뜻이다. 1965년 보그 편집장 다이애나 브릴랜드(Diana Vreeland, 1903~1989)가 만든 이 말은 기성세대와 권력에 저항한 1960년대 젊은이의 문화를 지칭한 것이다. 이러한 독특한 문화적 현상과 대중음악의 폭발적인 힘은 매스미디어의 영향에 힘입어 세계 젊은이들에게 전파되었다.

스윙잉 런던(Swinging London), 즉 신나는 런던은 1960년대의 역동적이었던 런던의 모습을 가리키는 것이며 트위기(Twiggy, 1949~), 진 쉬림프톤(Jean Shrimpton, 1942~) 등 새로운 감각을 가진 젊은이들에 의해 주도된 문화혁명을 뜻하기도 한다. 이 당시 스윙잉 런던의 아이콘이었던 비틀스와 롤링 스톤스 같은 영국의 젊은 아티스트들이 미국에 진출하여 미국 차트를 점령하였는데 이렇게 미국 대중음악에 미친 영향을 '영국의 침공(British Invasion)'이라고 불렀다.

1) 메리 퀀트(Mary Quant, 1934~)

1960년대에 명성을 얻은 메리 퀀트는 패션 역사상 가장 중요한 디자이너 중 한 명이다. 그녀가 디자인한 미니스커트는 불과 몇 개월 만에 유럽 전역으로 퍼져나갔고, 각국의 소녀들을

그림 57 메리 퀀트
(Mary Quant)

사로잡았다. 미니스커트를 최초로 창조한 사람은 앙드레 쿠레주(Andre Courreges, 1923~2016)이지만, 미니스커트를 상업적으로 전파하여 1960년대 청년문화의 상징으로 이끌었던 것은 메리 퀸트였다. 그녀가 만든 스커트의 단은 1962년부터 점차 무릎 위로 올라가 1960년대 중반에는 허벅지에 닿을 정도로 스커트 길이가 짧아졌다. 1960년대 후반 퀸트는 핫팬츠를 대중화하고 영국 패션의 아이콘이 되었다. 또한, 기존의 패션 공식을 뒤집어 젊은 패션을 추구하는 소비층을 위한 '퀸트룩'을 창조하였다.

2) 재클린 케네디(Jackie Kennedy, 1929~1993)

그림 58 재클린 케네디
(Jackie Kennedy)

미국의 영부인이었던 재클린 케네디는 1960년대 초반 미국 여성들의 스타일에 가장 큰 영향을 미쳤고 글로벌 패션 아이콘이 되었다. 퍼스트레이디로서의 그녀의 패션을 살펴보면 무릎길이의 소매가 없는 A라인 드레스, 팔꿈치 위의 장갑, 낮은 펌프스와 필박스 모자, 진주목걸이 등을 착용하였다. 케네디의 죽음 이후 수년간 그녀의 스타일은 변화하였다. 와이드레그 팬츠, 대형 라펠 재킷, 집시 스커트, 에르메스 실크 스카프, 둥근 선글라스를 애용하였다. 그녀가 즐겨 입은 트렌치코트와 벨트 없는 흰색 진 팬츠는 새로운 패션 트렌드를 만들어 내기도 하였다.

3) 트위기(Twiggy, 1949~)

트위기는 영국 출신 패션모델이다. 그녀의 본명은 레슬리 혼비(Lesley Hornby)이나, 몸이 잔 나뭇가지만큼 말랐다고 해서 예명을 트위기라고 지었다. 그녀는 1967년 보그의 표지 모델로 데뷔하여 1960년대를 대표하는 아이콘이 되었고 '젊음'이라는 당시의 이상을 표현하기에 적합하였다. 소년과 같은 가느다란 몸매와 천진난만한 외모 때문에 미니스커트가 가장 잘 어울리는 모델로 붐을 일으켰으나 4년 정도의 기간 동안 왕성한 모델 활동을 하다가 단순한 옷걸이가 되기 싫다며 모델계를 떠났다. 1960년대 후반 트위기가 유행시켰던 스타일은 허리선이 들어가지 않는 시프트 미니스커트, 심플한 A라인 드레스가 대표적이다. 트위기는 당시 젊은 여성들의 우상이었고 그녀의 스타일이 일으킨 돌풍은 젊은 세대에게 큰 영향력을 미쳤다.

4) 브리지트 바르도(Brigitte Bardot, 1934~)

프랑스의 가수, 패션모델, 배우인 브리지트 바르도는 가장 잘 알려진 섹스 심벌 중 한 명이다. 그녀가 유행시킨 바르도 네크라인은 두 어깨를 드러내는 오프숄더 형태의 상의를 말한다. 시크릿 비키니, 작은 미니스커트, 세련된 팬츠와 플로피 모자 등을 유행시켰다. 바르도는 비키니 수영복을 대중화시켰고 자신만의 확실한 스타일을 만들어 세기의 아이콘이 되었다.

그림 59 브리지트 바르도
(Brigitte Bardot)

5) 제인 폰다(Jane Fonda, 1937~)

제인 폰다는 1968년 영화 바바렐라(Barbarella, Queen Of The Galaxy, 1968)에서 섹시한 우주복 의상을 입은 금발의 여전사 역할을 맡았다(그림 60). 바바렐라 의상은 의상 디자이너 자크 폰테레이(Jacques Fonteray)와 파코라반(Paco Rabanne)에 의해 디자인되었고 의상의 상당수는 플라스틱 체인 등 독특한 재료로 제작되었다. 이 의상은 1960년대 영화의 가장 상징적인 이미지 중 하나를 만들었다.

그림 60 바바렐라
(Barbarella)

6) 비틀스(The Beatles)

1963년 대중적인 인기를 끌게 된 비틀스는 매니저의 의견을 따라 에드워드 시대의 의상을 현대적으로 재해석한 모즈 스타일(그림 61)을 채택하였다. 그들이 입은 모즈 스타일의 특징은 바가지 형태의 헤어스타일과 깔끔한 라운드 칼라의 셔츠, 짧고 몸에 잘 맞는 재킷,

그림 61 모즈 스타일
(Mods Style)

그림 62 비틀스 슈트
(Beatles suit)

통이 아주 좁은 바지, 앞이 뾰족한 구두를 착용하는 것이었다.

비틀스의 1960년대 초반 옷차림인 '비틀스 슈트(그림 62)'는 칼라가 없는 라운드 네크라인에 안으로 좁은 타이가 살짝 보이는 단순한 디자인의 의상을 말하는데, 비틀스의 테일러였던 영국 재단사 더글러스 밀링스(Douglas Millings, 1913~2001)가 제작한 옷으로, 그는 피에르 가르뎅이 발표한 '실린더(Cylinder) 슈트'에서 아이디어를 얻었다. 이 슈트는 폭발적으로 인기를 끌었고 1963년 영국 어디서나 이 슈트를 입은 젊은이들을 볼 수 있었다.

1967년에 비틀스는 음악적 요소나 패션에 있어 히피의 영향을 받았다. 이에 따라 좀더 자유로운 스타일의 꽃무늬 셔츠, 샌들, 비즈 장식, 털 달린 조끼, 인디언풍의 옷을 즐겨 입었다. 비틀스의 히피풍 긴 헤어스타일은 기성세대들에게는 거부감으로 다가왔고 이런 분위기는 청소년들의 모방심리를 더욱 자극하여 크게 유행하게 되었다.

7) 롤링 스톤스(The Rolling Stones)

롤링 스톤스는 비틀스의 이미지와는 달리 거칠고 반항적이었다. 그들은 자신들의 중산층 이미지와 영국 특유의 엄격함과 지루함을 벗어버리고 싶어 하였다. 롤링 스톤스의 음악은 현실에 대한 젊은이들의 분노를 흡수하여 격렬하게 표출했기 때문에 기성세대에게는 비난을 받았지만, 청소년들은 열렬히 지지하였다. 데뷔 초반 롤링 스톤스는 비틀스와 비슷하게 양복을 차려입은 깔끔한 스타일을 선택했으나 1960년대 후반부터 1970년대에 이르기까지 덥수룩한 장발 스타일에 독특한 메이크업, 피어싱, 가죽의상과 타이트한 티셔츠, 스키니 진 등 특이하고 중성적인 스타일을 추구하였다.

8) 에디 세즈윅(Edie Sedgwick, 1943~1971)

에디 세즈윅은 1960년대 미국 사교계 명사이자 배우, 패션모델로 활동하였다. 앤디 워홀의 뮤즈로 알려져 있으며 그의 영화에 출연해 유명해졌다. 그녀의 삶은 순탄하지 않았지만, 자신만의 중성적이고 반항적인 스타일을 남겼다. 쇼트 커트와 작은 얼굴을 부각하는 무거우리만큼 커 보이는 샹들리에(Chandelier) 귀걸이, 검정 타이츠, 모피, 비트족이 즐겨 착용하던 검정 가로줄 무늬 셔츠 등 그녀만의 유니크한 스타일로 1960년대의 패션 아이콘이 되었다.

9) 지미 헨드릭스(Jimi Hendrix, 1942~1970)

지미 헨드릭스는 음악 역사상 가장 위대한 기타리스트 중 한 사람으로 손꼽힌다. 그의 음악은 블루스를 바탕으로 했지만, 공격적이고 거칠게 발전시켰고 이것은 록 음악의 주요 정체성이 되었다. 그의 무대는 늘 화려하였고 연주가 끝나면 악기를 부수거나 태워버리는 퍼포먼스로 마감하였다. 그는 음악뿐만 아니라 패션 스타일도 주목을 받았는데 반전을 상징하는 19세기 이전 밀리터리 재킷을 즐겨 입었다. 브로치, 반지, 목걸이, 스카프 등 다양한 액세서리를 애용하였고, 사이키델릭 아티스트답게 현란한 컬러로 프린트된 의상과 프릴, 모피, 프린지 장식의 히피풍 의상을 즐겨 입었다.

그림 63 지미 헨드릭스
(Jimi Hendrix)

2. 뷰티

그림 64 롤링 스톤스(Rolling Stones)

1960년대 영패션의 영향으로 뷰티 산업 소비층이 20대로 변화되었으며, 그에 따라 미의 가치 개념의 변화로 메이크업의 패턴도 변화되기 시작하였다. 획일적인 메이크업에서 벗어나 개성화, 다양화된 메이크업으로 전환되어 다양한 종류의 메이크업 제품이 본격적으로 제조되는 뷰티 산업의 성장기를 맞이하였다.

메이크업은 진한 아이 메이크업의 육감적인 브리지트 바르도(Brigitte Anne Marie Bardot) 스타일, 고급스러우면서 자연스러운 재클린 케네디 스타일, 창백한 분위기의 아이 메이크업을 강조한 트위기 스타일 등이 다양하게 나타났다.

헤어스타일은 (그림 64)의 롤링 스톤스와 비틀스의 헤어스타일, 비달사순 단발 스타일, 에디 세즈윅(Edie Sedgwick) 커트 헤어스타일(그림 65), 지미 헨드릭스(Jimi Hendrix)의 아프로헤어(Afro Hair)(그림 66)가 유행하였다.

그림 65 에디 세즈윅(Edie Sedgwick)　　**그림 66** 지미 헨드릭스(Jimi Hendrix)

1) 브리지트 바르도(Brigitte Bardot, 1934~)

브리지트 바르도는 1960년대 대표적인 섹시 아이콘으로 선탠한 피부처럼 짙은 피부 표현과 짙은 컬러의 아이섀도, 선명한 아이라인, 풍성한 마스카라로 아이 메이크업을 강조한 스모키 메이크업을 선보였다.

　헤어스타일은 앞머리에서부터 자연스럽게 레이어드한 형태로 살짝 흐트러지고 헝클어진 듯하게 자연스러움을 연출하였다.

2) 트위기(Twiggy, 1949~)

젊은 층의 우상이었던 모델 트위기는 베이스는 밝게 처리하고 가짜 주근깨를 표현하여 전체적으로 미소년 같은 이미지를 연출하였다(그림 67). 또한 아이홀 라인이 움푹 들어가 보이도록 더블 라인으로 입체감을 주고, 눈의 위, 아래에 인조 속눈썹을 붙여 아이 메이크업을 과장되게 표현하였다.

　헤어스타일은 트위기의 중성적인 이미지를 위해 짧고 둥근 컷 형태로 연출되었는데 트위기 컷이라 불리었다.

그림 67 트위기(Twiggy)

1960년대 배경 영화

헤어스프레이(Hairspray, 2007)의 영화의상은 디자이너 리타 라이악(Rita Ryack)이 기획하였다. 영화 속 헤어스타일과 의상은 1960년대 초, 고교 졸업앨범과 옛날 잡지를 참고하여 당시 의상 특징을 표현하였고 다양한 헤어스타일을 통해 영화의 코믹적 특성을 잘 보여주었다.

헬프(The Help, 2011)는 디자이너 샤렌 데이비스(Sharen Davis)가 영화의상을 담당하였다. 따뜻하고 감성적인 색채를 의상에 잘 담아내었고 각 신분에 맞는 패션 스타일을 채택하여 캐릭터의 특성을 의상으로 설명하였다.

팩토리 걸(Factory girl, 2006)의 영화의상은 디자이너 존 에이 던(John A. Danne)이 기획하였다. 1960년대 패션을 재현하기 위해 미국 전역을 돌아다니며 자료조사를 하였고 이를 바탕으로 에디 세즈윅의 캐릭터를 완성할 수 있는 다양한 아이템을 탄생시켰다.

그림 68 헤어스프레이 포스터   그림 69 헬프 포스터   그림 70 팩토리 걸 포스터

1970년대 패션 & 뷰티

1. 패션

1970년대는 높은 인플레이션과 실직률 상승 등 사회적 불안 심리가 커졌던 불황의 시기여서 소비자들은 좀 더 실제적이고 합리적인 생활을 추구하게 되었다. 소비자들은 1960년대 유행한 발랄한 미니스커트 대신 미디스커트와 맥시스커트를 선호하게 되었고 성숙한 여성의 모습으로 변화하였다. 현실적인 고급 기성복이라는 의미의 '프레타 포르테'가 본격적으로 시작되었고, 오트 쿠튀르에 비해 개방적이고 경제적 효과도 컸기 때문에 점차 참가하는 디자이너가 늘어났다.

1970년대 패션은 1960년부터 확산한 여성해방 운동에 영향을 받았다. 디자이너 이브 생로랑(Yves Saint Laurent)은 이에 주목하여 1966년 자신감이 넘치고 당당한 여성을 위한 새로운 스타일인 르 스모킹(Le Smocking)을 발표하였다. 이 의상은 남성의 이브닝웨어인 턱시도 정장을 여성화한 것으로 르 스모킹에 영향을 받은 1970년대 팬츠 슈트는 직장 여성들 사이에서 마치 유니폼처럼 유행하였다.

1960년대 발생한 히피는 1970년대 초반 패션에도 영향을 미쳐서 이로 인해 청바지가 유행하고 유니섹스모드가 대중화되었다. 청바지는 1970년대 모든 사람이 즐겨 입었고 모든 스타일로 착용되었다. 히피의 이데올로기에 영향을 받아 탄생된 유니섹스 패션은 초기엔 여성의 남성화, 남성의 여성화 경향을 보였지만 이후 점차 중성적 또는 성의 개념이 사라진 스타일로 변화하였다.

1970년대 스트리트 패션의 가장 큰 영향을 준 것은 대중문화이다. 그중 록은 청년문화의 본질이며 스트리트 패션의 변화는 록뮤직의 변천사와 함께하였다. 록은 폭발적인 사운드와 기성세대의 질서와 권력을 거부하는 저항을 담은 메시지로 젊은이들을 사로잡았다. 록스타들은 새로운 음악을 들려주는 것뿐만 아니라 새로운 패션 형성에도 영향을 미쳤다.

1) 브루스 리(Bruce Lee, 1940~1973)

브루스 리는 중국계 미국인 무술가로 절권도의 창시자이며 20세기에 가장 큰 영향력을 가졌던 문화적 아이콘이다. 1971년 그는 TV 시리즈 롱 스트리트(Longstreet, 1971)에 무술 선생 역으로 출연하였는데 그때 입었던 빨간 트랙 슈트(그림 71)가 사람들의 관심을 크게 받았다. 이에 영향을 받은 1970년대에 대중들은 트랙 슈트(Track Suit)를 캐주얼 복장으로 수용하였고 특히 벨루어(Velour) 소재로 만든 남녀 트랙 슈트가 큰 인기를 끌었다.

그림 71 드라마 롱 스트리트

2) 존 트라볼타(John Travolta, 1954~)

그림 72 존 트라볼타
(John Travolta)

존 트라볼타는 영화 '토요일 밤의 열기(Saturday Night Fever, 1977), 그리스(Grease, 1978)'를 통해 10대의 우상이 되었다. 토요일 밤의 열기에서 그는 노동자 계급의 좌절을 겪으며 디스코 댄스 황제가 되는 청년의 이야기를 연기하였다. 미러볼이 반짝이는 무지갯빛 플로워 위에서 비지스 음악에 맞춰 디스코를 추는 모습으로 전 세계에 디스코 열풍을 일으켰다. 이런 흐름은 대중들의 패션에도 큰 영향을 미쳐서 존 트라볼타의 영화의상인 큰 칼라를 밖으로 내어 입는 흰색 스리피스 슈트가 대유행하게 되었다.

3) 파라 포셋(Farrah Fawcett, 1947~2009)

파라 포셋은 1976년 TV 시리즈 미녀 삼총사(Charliés Angels)에 캐스팅되어 탐정 질 먼로 역을 맡으면서 최고의 전성기를 누리기 시작하였다. 1970년대 그녀의 패션 스타일은 파급력이 대단하였다. 1977년, 눈부신 미소와 함께 빨간 원피스 수영복 차림(그림 73)을 한 그녀의 포스터는 6백만 장의 복사본이 팔릴 정도로 인기를 끌었다. 포스터를 위해 그녀가 착용한 깊은 목선과 하이 컷의 이 원피스 수영복은 젊은 여성과 소녀들이 비키니 대신 선택할 정도로 큰 사랑을 받았다.

그림 73 파라 포셋
(Farrah Fawcett)

142

4) 데이비드 보위(David Bowie, 1947~2016)

'매혹적인 록'이라는 뜻의 글램록(Glam Rock)은 1970년대 초반 영국에서 발생한 록 음악의 하위 장르다. 영국의 싱어송라이터 겸 배우인 데이비드 보위는 1970년대 글램록의 선구자이다. 1972년 우주인을 연상시키는 파격적인 의상(그림 74)으로 사람들에게 충격을 주었고 그는 이때부터 과장된 퍼포먼스와 파격적이고 관능적인 의상으로 글램록 스타로서의 모습을 드러냈다. 데이비드 보위의 외형적 특징은 유럽과 미국에 영향을 미쳤고 패션 스타일과 문화 트렌드를 만들어냈다.

그림 74 데이비드 보위
(David Bowie)

5) 섹스 피스톨즈(The Sex Pistols)

펑크 록(Punk Rock)은 반체제적인 가사와 사운드를 특징으로 하며 전통적 인습과 기성체제에 저항하거나 공격한다. 섹스 피스톨즈(The Sex Pistols)는 1976년에 런던에서 일어난 펑크 무브먼트를 전 세계적으로 확대한 시대의 아이콘이다. 4인조였던 그들은 음악뿐만이 아니라 혁명적인 패션에도 선두주자였다. 파워풀하면서도 압도적인 스피드감을 가진 그들의 연주는 당시의 젊은이들에게 커다란 충격을 주었고, 그들의 펑크록 패션은 크게 화제를 불러일으켰다. 찢어진 청바지와 티셔츠, 가죽 재킷, 헝클어진 헤어스타일, 피어싱, 타투, 바

그림 75 섹스 피스톨즈
(The Sex Pistols)

디 페인팅 등 디자이너 비비안 웨스트우드(Vivienne Westwood, 1941~)에 의해 스타일링 된 섹스 피스톨즈의 의상과 스타일은 젊은이들에게 크게 확산되었다.

6) 밥 말리(Bob Marley, 1945~1981)

밥 말리(Bob Marley, 1945~1981)는 자메이카 출신 음악가이며 역대 최고의 레게 스타

로 불린다. 1968년에 그는 라스타파리안으로 개종하였고, 그의 음악에는 그의 신앙이 강하게 담겨있다. 1972년부터 그는 전 세계에 정치적 대항의 메시지를 담은 레게 음악과 그의 독특한 패션 스타일을 전파하였다.

그림 76 밥 말리
(Bob Marley)

2. 뷰티

1970년대 뷰티 스타일 특징은 히피 스타일과 펑크 스타일로 구분할 수 있다.

히피 스타일은 색조를 강하게 표현하지 않고 자연스러운 메이크업으로 연출되지만, 펑크 스타일(그림 77)은 검은색의 아이섀도와 아이라인, 립 표현 시 파괴적이고 공격적인 이미지 메이크업으로 정형화되지 않은 형태가 많이 나타났다.

1970년대 헤어스타일은

그림 77 펑크 스타일

그림 78 모히칸 헤어스타일

다양한 레이어 커트 스타일이 나타났으며, 유니섹스 패션 스타일이 유행하면서 남녀 동일한 스타일과 자연스러운 웨이브의 히피 스타일, 스파이크 헤어스타일과 모히칸 헤어스타일(그림 78) 등의 펑크 스타일이 등장하였다. 또한 비비드한 컬러의 염색, 탈색 등으로 표현하기도 하였다.

1) 파라 포셋(Farrah Fawcett, 1947~2009)

미국 배우인 파라 포셋의 스타일은 1970년대 대표적인 스타일로 우아하고 내추럴한 이미지의 상징이었다. 밝은 피부 표현, 인위적이지 않은 아이 메이크업과 입술 윤곽

그림 79 파라 포셋의 히피 헤어스타일

은 선명하게 살리되 컬러는 제한한 브라운 컬러의 립 표현, 굵고 풍성한 히피 헤어스타일(그림 79)로 부각되었다.

2) 데이비드 보위(David Bowie, 1947~2016)

글램룩의 선구자였던 데이비드 보위는 메이크업도 글리터리한 느낌을 강조한 글램 메이크업으로 표현하였다. 성별을 파괴한 짙은 음영과 반짝임으로 화려하게 표현한 아이 메이크업과 짧은 앞머리, 목을 덮을 길이의 뒷머리 형태의 멀릿(Mullet) 헤어스타일, 붉은색 컬러링은 데이비드 보위의 대표 스타일로 표현되었다(그림 80).

그림 80 데이비드 보위(David Bowie)

1970년대 배경 영화

토요일 밤의 열기(Saturday Night Fever, 1977)의 영화의상은 디자이너 파트리지아 폰 브란덴슈타인(Patrizia von Brandenstein)이 맡았다. 영화 속 토니 마네로가 입은 스리피스 슈트는 젊은이들의 새로운 의식 구조를 대변하였고, 의상과 배경의 조화 또는 부조화를 통해 주인공의 처지나 심리를 표현하였다.

애니 홀(Annie Hall, 1977)은 루스 몰리(Ruth Morley)가 영화의상을 기획하였다. 매니시룩의 상징이 된 여주인공의 의상은 패션 역사에 기억될 '애니홀룩'을 탄생시켰다. 영화 속 의상들은 사회적으로 큰 영향을 끼쳤고 1970년대 패션 트렌드를 이끌었다.

벨벳 골드마인(Velvet Goldmine, 1998)은 샌디 파월(Sandy Powell)이 의상을 담당하였다. 글램 록의 음악적 특징을 짙은 화장, 선정적인 실루엣과 반짝이는 소재의 화려하고 퇴폐적인 패션으로 표현하였고 1970년대의 젊은이들의 문화와 사상을 영화의상을 통해 재현하였다.

그림 81 토요일 밤의 열기
포스터

그림 82 애니홀 포스터

그림 83 벨벳 골드마인
포스터

1980년대 패션 & 뷰티

1. 패션

1980년대는 여성의 사회적 지위가 향상되고 사회적 역할이 증가하면서 직장여성들이 새로운 소비자 집단으로 부상되었고 새로운 직장여성 스타일인 '파워 드레싱(Power dressing)'이 탄생하였다. 또한, 1981년 8월 1일에 개국한 미국의 음악 케이블 채널 MTV의 등장으로 마이클 잭슨, 프린스, 마돈나와 신디 로퍼 등 유명 뮤지션의 뮤직비디오를 통해 그들의 음악과 패션이 대중문화에 큰 영향을 미쳤다.

건강과 몸매에 대한 관심이 높아지면서 에어로빅, 브레이크 댄스, 조깅 등의 스포츠를 즐기는 사람들이 증가하였다. 스포츠가 생활의 일부가 되고, 스포츠웨어가 캐주얼웨어로 수용될 정도로 대중화되면서 레그워머, 러닝슈즈, 헤어밴드, 스니커즈 등 스포티브 요소가 일상복으로 도입되어 유행하였다. 이와 함께 1980년대 초반 미국의 여배우 제인 폰다(Jane Fonda, 1937~)가 에어로빅 댄스를 처음 선보이며 세계적으로 열풍을 일으켰다. 에어로빅 패션은 에어로빅 의상의 섹시하고 경쾌한 이미지가 패션에 반영된 것으로 레오타드, 레그워머, 헤어밴드, 컬러 타이츠, 스웨트 슈트 등의 아이템이 사랑을 받았다.

뉴웨이브 패션(New wave fashion)은 앨빈 토플러(Alvin Toffler, 1928~2016)의 저서 '제3의 물결'의 내용을 패션에서 수용한 것에서 유래한다. 이 패션은 1980년대 이후 포스트모더니즘, 펑크, 앤드로지너스 룩 같은 전위패션을 중심으로 등장하였다. 1985년경부터 패션에 등장한 앤드로지너스 룩(Androgynous look)은 남성과 여성이 가진 특성을 부정하지 않고 자유로운 감성으로 교차시켜 의복에 관한 전통적 관념을 타파하고 성에 대한 고정관념을 해체한 새로운 스타일을 말한다.

힙합(Hip hop)은 1980년대 뉴욕 브롱크스 지역에서 가난한 흑인이나 푸에르토리코 소년 등을 중심으로 발생하여 순식간에 세계적으로 확산하였다. 힙합의 특징적 요소는 브레이크 댄스, 디제잉, 랩뮤직, 그라피티 아트이다. 흑인이 주체가 되므로 '블랙 르네상스'라고도 한다.

1) 보이 조지(Boy George, 1961~)

보이 조지는 1980년대에 전성기를 누린 밴드 컬처 클럽(Culture Club)의 리드 싱어였고 앤드로지너스룩의 상징이다. 그는 여성스럽고 짙은 메이크업과 가닥가닥 장식한 헤어스타일에 페도라 햇을 썼고, 화려하고 박시한 실루엣의 패션과 독특한 몸짓으로 대중들에게 많은 주목을 받았다.

2) 마이클 잭슨(Michael Jackson, 1958~2009)

그림 84 마이클 잭슨
(Michael Jackson)

마이클 잭슨의 등장은 20세기 문화사의 가장 중요한 사건 중 하나로 여겨지며, 대중음악 역사상 가장 위대한 음악가 중 한 명으로 손꼽힌다. 1983년에 제작한 스릴러(Thriller) 앨범은 당시로써는 상상할 수 없었던 창의적인 뮤직비디오를 보여주어 대중들에게 폭발적인 반응을 일으켰다. 이후 마이클 잭슨은 다양한 장르의 음악과 획기적인 기술의 춤을 선보인다. 마이클 잭슨은 음악과 춤뿐만 아니라 유행까지 선도했는데 그는 매 앨범을 발매할 때마다 다양한 스타일을 보여주었다. 블랙 턱시도 재킷에 화이트 셔츠를 매치하고 보타이나 넥타이, 완장을 조합한 슈트 스타일과 지퍼, 가죽 버클이 장식된 밀리터리 스타일, 화려한 큐빅과 스팽글로 꾸미거나 홀로그램, 실버, 골드 컬러의 소재로 만든 글리터 스타일 등이 있다.

3) 마돈나(Madonna, 1958~)

마돈나 룩은 1980년대에서 1990년대에 전성기를 누린 미국의 팝 가수 마돈나에서 비롯된 패션 스타일을 말한다. 1980년대 뮤직비디오 채널 MTV의 탄생으로 음악과 패션이 대중에게 더욱 밀접해지면서 매번 쇼킹한 콘셉트로 나타난 그녀는 음악뿐만 아니라 패션에도 큰 영향을 미쳤다. 1980년대 마돈나의 패션은 '로맨틱 펑크(Romantic Punk)' 스타일이며 레이스 소재의 상의, 그물 망사 스타킹, 십자가 모양의 보석, 팔찌 등으로 구성되었다. 그녀는 액세서리를 여러 겹 레이어드해서 착용하거나 타이트한 바지 위에 걸쳐 입은 스커트, 속옷이 비쳐 보이게 또는 속옷을 겉옷 위에 입는 파격적인 코디네이션 방법을 선보여 대중들을 놀라게 하였다.

4) 런 디엠씨(Run D.M.C.)

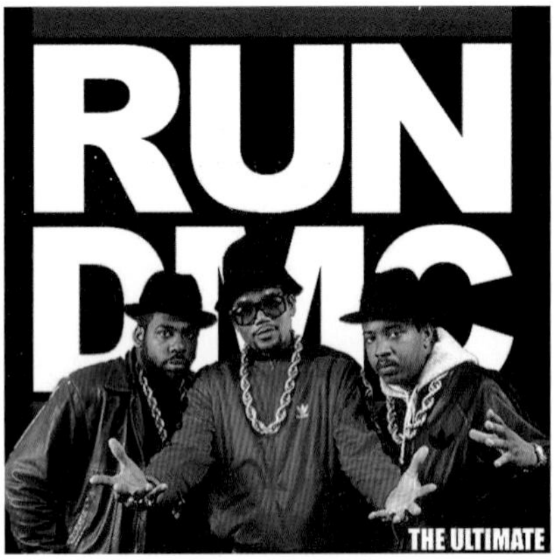

그림 85 런 디엠씨(Run-D.M.C.)

힙합뮤지션의 패션 스타일은 크게 올드스쿨(Old School)과 뉴스쿨(New School)로 나뉘어진다. 런 디엠씨는 미국의 힙합 그룹으로 올드스쿨룩의 대명사이다. 올드스쿨룩이란 일명 '힙합바지'라고도 불리는 전체적으로 통이 큰 드럼 스타일과 통은 넓으나 아래로 갈수록 통이 좁아지는 배기 스타일 팬츠를 엉덩이에 걸치듯 입는 것이 특징이다. 또한 브레이크 댄스를 출 때 편한 땀복이나 트랙 슈트, 헤드스핀을 할 때 머리를 보호하기 위한 모자가 필수 아이템이다. 런 디엠씨는 젊은이들의 스트리트 패션을 그대로 수용하여 무대 의상에 도입하였는데, 아디다스 트랙 슈트에 검은 페도라, 아디다스 운동화를 유행시켰으며, 가죽 재킷, 커다란 금목걸이 등 힙합의 기본 패션을 확립하였다.

2. 뷰티

1980년대는 뉴웨이브, 포스트 모더니즘 영향으로 뷰티 스타일이 더욱 개성화되고 다양화된 시기로 여피족의 등장에 의해 뷰티 스타일링이 성공과 부를 표현하는 수단으로 활용되기도 하였다.

　미용에 의한 자기 관리의 관심이 고조되었으며, 초기의 화려한 색조 메이크업이 유행됨에 따라 컬러 메

그림 86 소피마르소
(Sophie Marceau)

그림 87 다이애나 비
(Diana Francess Spencer)

이크업 산업도 더욱 발달하여 컬러 마스카라, 메탈톤의 립스틱 등 컬러 메이크업 제품이 다양하게 출시되었다.

또한 후기로 갈수록 환경문제가 대두되어 자연스러움이 강조된 뷰티 스타일이 등장하였는데, 내추럴하고 고급스러운 이미지를 연출한 소피마르소(Sophie Marceau)와 다이애나 비(Diana Francess Spencer)는 색조보다는 피부의 질감을 중요시하였으며, 헤어스타일 역시 레이어드 단발 형태나 레이어드 커트 스타일로 조화감을 주었다.

1) 마돈나(Madonna, 1958~)

마돈나는 비비드 컬러와 펄감을 이용한 아이섀도, 치크, 언더라인까지 굵고 진하게 처리한 아이 메이크업을 하였으며, 선명한 레드 컬러나 어두운 컬러의 립 메이크업을 통해 자유분방함과 섹시함을 선보였다.

헤어스타일 역시 비비드한 컬러감으로 표현된 기하학적 커트와 부풀린 스타일을 유행시켰다(그림 88).

그림 88 마돈나(Madonna)

2) 보이 조지(Boy George, 1961~)

보이 조지는 남성과 여성의 양성적인 이미지를 표현하기 위해서 피부는 밝게 하고, 가늘고 각진 눈썹을 표현하였다. 또한 컬러풀한 아이섀도와 눈꼬리까지 길게 그린 선명한 아이라인으로 아이 메이크업을 강조하였으며, 인커브로 윤곽을 살리고 비비드한 레드 컬러를 사용하여 립 메이크업을 완성하였다.

헤어스타일은 머리카락을 가닥가닥 장식한 후 페도라 햇으로 연출하였다(그림 89).

그림 89 보이 조지(Boy George)

1980년대 배경 영화

**그림 90 싱 스트리트
포스터**

**그림 91 프리티 우먼
포스터**

싱 스트리트(Sing Street, 2016)는 디자이너 티지아나 코비지에리(Tiziana Corvisieri)가 영화의상을 담당하였다. 1980년대의 록밴드를 감각적으로 표현하였고 1980년대 트렌드인 앤드로지어스, 로맨틱 스타일 등을 소환하여 관객들이 80년대를 충분히 만끽할 수 있게 의상을 구성하였다.

프리티 우먼(Pretty Woman, 1990)의 영화의상은 디자이너 마릴린 밴스(Marilyn Kay Vance)가 기획하였다. 하류층 여성의 의상에서부터 상류층의 하이패션까지 자신을 찾아가는 여성의 정체성을 의상을 통해 표현하였다.

1990년대 패션 & 뷰티

1. 패션

1990년대는 다가올 새로운 시대에 대한 기대와 더불어 과거에 대한 추억과 향수가 공존했던 시기다. 새로운 세기에 대한 기대감은 패션에도 영향을 미쳐서 퓨처리즘(Futurism) 즉, '미래주의 패션 양식'이 등장하였다. 과학기술의 발달로 새로운 소재가 의복에 사용되었고 다양한 형태의 의상이 디자인되었다. 테크노 음악의 유행으로 획기적인 사이버룩(Cyber Look)의 형태가 나타나기도 하였다.

과거 지나간 시대의 그리움은 세기말 감성을 담은 레트로룩(Retro Look)으로 등장하여 20세기를 회고하였다. 햅번룩, 잭키룩, 먼로룩, 비틀스룩 등 20세기 대표적인 인물로부터 아이디어를 얻은 패션이 인기를 끌었다. 레트로 패션이 유행하면서 빈티지룩(Vintage Look)도 등장하였다. 틀에 박힌 옷에 거부감을 느낀 젊은이들을 중심으로 시작되었으며 오래되고 남루한 느낌이 특징이다. 사람들은 중고품을 찾아 개성에 따라 다양한 방법으로 코디네이션해서 입었으며 이에 따라 벼룩시장과 중고품 상점이 활기를 띠게 되었다.

1980년대부터 시작된 과학기술의 발달은 자연의 파괴와 손상을 가속화시켰다. 이에 환경을 보호하고자 하는 캠페인의 일환으로 자연을 찬미하여 동화되고자 하는 자연지향룩, 에콜로지룩(Ecology Look)이 출현하였고 리사이클 패션(Recycle Fashion)을 파생시키기도 하였다.

1990년대 세계 각지 디자이너들의 대거 진출로 인해 패션 트렌드의 영향력이 파리에서 미국과 영국, 이탈리아로 분산되었다. 프랑스의 오랜 전통인 오트 쿠튀르 하우스는 전 세계의 젊고 창조적인 패션 디자이너를 영입하였다. 지방시는 존 갈리아노(John Galliano, 1960~), 루이비통은 마크 제이콥스(Marc Jacobs, 1963~), 구찌는 톰 포드(Tom Ford, 1961~)를 영입하여 브랜드의 권위적이고 올드한 느낌을 젊은 이미지로 재창조하였고 사업 면에서도 큰 성공을 거두었다.

제2차 대전 이후 세계 정치의 큰 축이었던 미국과 소련을 중심으로 한 양극체제가 붕괴되면서 서구 중심사상에서 벗어나고자 하는 움직임과 서로 다른 문화에 대한 긍정적인 인식은 패션에도 영향을 미쳤다. 이로 인해 동남아시아권 문화와 아프리카의 원시 미술 등 다양한 문화에서 영향을 받은 에스닉(Ethnic) 스타일이 트렌드에 도입되기도 하였다.

젊은이들 사이에서는 힙합, 키치, 그런지 등 그들만의 정체성을 담은 다양한 패션문화
가 형성되었다. 이들은 사회에 만연된 엘리트주의, 물질만능주의에 대항하여 자신들의
신념이나 반항 의식을 안티패션의 형태로 표현하였다.

1) 슈퍼모델(Supermodel)

1990년대에 본격적으로 사용된 슈퍼모델이라는
용어는 패션쇼, 패션 사진, 광고를 통해서 고수익
을 올리는 패션모델을 말하며, 패션계뿐만 아니라
전 세계의 대중들에게 널리 알려진 모델들을 말한
다. 클라우디아 쉬퍼(Claudia Schiffer), 신디 크로
포드(Cindy Crawford), 린다 에반젤리스타(Linda
Evangelista), 나오미 캠벨(Naomi Campbell), 크
리스티 털링턴(Christy Turlington), 케이트 모스

그림 92 슈퍼모델

(Kate Moss)는 빅 식스라 불리며 당시에 크게 활약했던 대표 슈퍼모델들이다. 슈퍼모델
을 더 유명하게 만든 것은 디자이너 지아니 베르사체(Gianni Versace, 1946~1997)였
다. 럭셔리, 화려함 등으로 대표되는 베르사체 브랜드는 시즌마다 빅 식스의 모델들을 기
용해서 런웨이를 진행하였고 피날레는 항상 슈퍼모델들과 팔짱을 낀 베르사체가 함께
등장하는 것으로 장식하였다. 화려하고 럭셔리한 베르사체의 이미지와 슈퍼모델의 조합
(그림 92)은 서로에게 엄청난 시너지효과를 일으켰다.

2) 케이트 모스(Kate Moss, 1974~)

14세에 데뷔한 케이트 모스는 영국 출신의 미국 패션모델이다. 작은 키에 깡마른 몸매,
안짱다리, 어두운 표정 등, 확실히 다른 슈퍼모델들과는 차이가 나는 이미지를 가지고
있었지만, 그녀만의 강한 개성으로 세계적인 모델로 급부상하였다. 케이트 모스는 1993
년 캘빈 클라인의 광고에서 아직 소녀티를 벗지 않은 화장기 없는 얼굴에 나체로 소파
에 누워있는 모습과 상반신 누드로 클로즈업된 도발적인 모습으로 사람들에게 큰 충격
을 주었고 세계적인 화제가 되었다. 전 세계 여성들에게 극단적인 다이어트를 겪게 했던

케이트 모스는 패션계의 아이콘으로 떠올랐고 모델계의 새로운 트렌드를 창조하였다.

3) 제니퍼 애니스톤(Jennifer Aniston, 1969~)

제니퍼 애니스톤은 미국의 인기 TV 시리즈 '프렌즈'의 '레이첼' 역할을 맡으며 대중의 사랑을 한 몸에 받았다. 극 중 그녀의 스타일은 1990년대를 대표한다고 해도 과언이 아닐 정도로 파급력이 컸다. 그녀의 멋진 헤어스타일과 더불어 스트랩 샌들, 슬림한 스니커즈, 카고 팬츠, 슬립 드레스, 오버사이즈 셔츠와 데님, 베이비 티 등을 유행시켰다.

그림 93 제니퍼 애니스톤
(Jennifer Aniston)

4) 알리야(Aaliyah, 1979~2001)

1990년대 힙합(Hip Hop)은 음악과 패션 모두 대중적으로 큰 영향을 미치게 되었다. 타미 힐피거(Tommy Hilfiger), 노티카(Nautica), 랄프로렌(Ralph Lauren)의 폴로 스포츠(Polo Sport)를 힙합 뮤지션이 선호하면서 이런 브랜드들은 힙합 팬들뿐만 아니라 대중에게도 인기를 끌었다.

미국의 알앤비 가수 겸 배우인 알리야는 중성적이고 스포티한 패션으로 유명하였다. 오버사이즈의 윈드브레이커, 헐렁한 바지, 크롭 탑, 스포츠 브래지어를 착용하고 버킷햇과 틴트 선글라스를 조합하였다. 그녀가 공식적으로 타미 힐피거와 계약을 맺은 후 브랜드를 노골적으로 드러내는 착장을 하였는데 이후 이 스타일은 1990년대의 전형적인 패션 연출법으로 자리매김 하였다.

그림 94 알리야(Aaliyah)

5) 윌 스미스(Will Smith, 1968~)

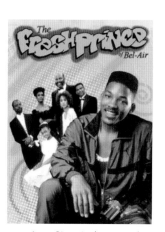

미국의 래퍼이자 배우인 윌 스미스는 1980년대 후반에 '프레시 프린스(그림 95)'라는 이름으로 명성을 얻었다. '프레

그림 95 윌 스미스(Will Smith)

시 프린스 벨에어(The Fresh Prince of Bel-Air)'는 미국 NBC에서 1990년 9월 10일부터 1996년 5월 20일까지 방영된 시트콤이며 윌 스미스의 데뷔작이다. 그는 이 시트콤의 성공으로 큰 인기를 끌었으며 그의 패션 또한 대중에게 영향을 미쳤다. 네온 컬러의 캡과 점보 포켓이 달린 오버사이즈 스웨터, 트랙 슈트, 한쪽 끈만 걸친 오버롤은 현재까지도 1990년대를 대표하는 아이템으로 기억된다.

154

6) 커트 코베인(Kurt Cobain, 1967~1994)

그림 96 커트 코베인
(Kurt Cobain)

그런지 밴드 너바나(Nirvana)의 리드 싱어인 커트 코베인은 길고 헝클어진 머리카락에 물이 빠진 청바지, 헐렁한 체크 셔츠, 낡은 티셔츠 등을 입고 물질만능의 시대를 사는 젊은이들의 염세주의, 좌절 등을 음악으로 표출하였다.

본래 그런지 음악은 비주류 음악이었으나 너바나 같은 밴드들이 상업적인 성공을 크게 거두게 되면서 이들의 그런지룩도 주목받기 시작하였다. 그런지룩(Grunge Look)은 1980년대 엘리트주의, 소비주의의 산물인 여피 스타일에 대항하여 하위문화와 거리 패션에서 새로운 대안을 찾으려고 했던 안티패션의 일종이다.

1993년 마크 제이콥스에 의해 시작된 그런지룩은 낡고 허름한 것을 추구하는 것이 특징이며 반다나(Bandana), 체크 셔츠, 꽃무늬 치마, 그래니 드레스, 맘진(Mom Jeans), 워싱되었거나 찢어진 청바지, 닥터 마틴 군화, 컨버스, 반스의 단화, 오버사이즈 티셔츠와 니트, 찢어진 타이츠, 넉넉한 후드티, 털모자 등의 아이템으로 조합된다. 특히 긴 소매 위에 짧은 소매 티셔츠를 레이어드해서 입는 방법은 가장 특징적인 연출법이다.

2. 뷰티

유행에 따른 메이크업 제품의 소비 패턴에서 벗어나 소비자가 다양한 컬러 제품 중 본인에게 어울리는 컬러를 선택하는 시대로 정착되기 시작하였으며, 색조 제품 외에도 안티에이징 제품, 스파 제품 등의 기능성 제품이 출시되었다.

뷰티 아이콘도 과거 할리우드 배우에서 벗어나 건강하고 매력적인 미를 가진 클라우디아 쉬퍼(Claudia Schiffer), 신디 크로포드(Cindy Crawford), 린다 에반젤리스타(Linda Evangelista), 나오미 캠벨(Naomi Campbell), 크리스티 털링턴(Christy Turlington), 케이트 모스(Kate Moss)(그림 97) 등의 슈퍼모델의 메이크업과 헤어스타일에 관심을 갖게 되었다. 피부와 윤곽 표현에 초점을 맞춘 내추럴 메이크업과 정형화된 형태 없이 개성과 자연스러움을 살리는 스타일을 선호하였다.

1990년대는 그 외에도 다양한 이미지가 등장하였으나 내추럴한 메이크업의 에콜로지 이미지, 비정형적 메이크업인 키치 이미지(그림 98), 펄감을 강조한 퓨처리즘(그림 99)으로 대표할 수 있다.

그림 97 케이트 모스 (Kate Moss) 그림 98 키치 메이크업 그림 99 퓨처리즘 메이크업

1990년대 배경 영화

로미오와 줄리엣(Romeo+Juliet, 1996)의 영화의상은 디자이너 킴 배레트(Kym Barrett)가 담당하였다. 원수지간인 두 집안의 분위기를 대조적인 의상으로 구성하였으며 현대적이고 개성 있는 줄리엣의 의상과 스트리트 감성의 로미오 의상을 통해 1990년대 영패션의 트렌드를 보여주었다.

클루리스(Clueless, 1995)는 디자이너 모나메이(Mona May)가 영화의상을 기획하였다. 하이패션 중에서 여고생이 입을 수 있는 아이템을 선별하여 스타일링한 것이 감각적이며 여고생만의 톡톡 튀는 감각에 더해진 대담하고 화려한 색상과 패턴, 눈길을 끄는 프린트, 풍부하고 재치 넘치는 아이템의 조합은 한시도 영화에서 눈을 뗄 수 없게 한다.

그림 100 로미오와 줄리엣 포스터 그림 101 클루리스 포스터

그림 출처

(그림 1) 이사도라 던컨
https://mg.m.wikipedia.org/wiki/Sary:Isadora_Duncan_portrait_cropped.jpg

(그림 2) 카밀 클리포드
https://upload.wikimedia.org/wikipedia/commons/3/39/Camille_Clifford_EW.jpg

(그림 3) 릴리 엘시
https://upload.wikimedia.org/wikipedia/en/7/79/Elsiemerrywidow.jpg

(그림 4) 알렉산드라 헤어스타일
https://upload.wikimedia.org/wikipedia/commons/5/5f/Alexandra_of_Denmark02.jpg

(그림 5) 헤어 장식
https://ko.m.wikipedia.or g/wiki/:Boucher_Marquise_de_Pompadour_1756.jpg

(그림 6) 전망 좋은 방 포스터
https://upload.wikimedia.org/wikipedia/en/9/91/Room_with_a_View.jpg

(그림 7) 제니비반
© Walt Disney Television
https://www.flickr.com/photos/disneyabc/24737814424/in/photolist-DFZLnN-DGfBcH-EvpMnv

(그림 8) 마타하리
https://en.wikipedia.org/wiki/Mata_Hari#/media/File:Mata_Hari_13.jpg

(그림 9) 테다바라
https://www.google.co.kr/search?q=%ED%85%8C%EB%8B%A4%EB%B0%94%EB%9D%BC&lr=&hl=ko&as_qdr=all&tbs=sur:fc&tbm=isch&source=iu&ictx=1&fir=7e_3KzaXK8cGlM%253A%252Cnt7tplh6_SsHKM%252C_&vet=1&usg=AI4_-kSoltvl3elMu6NKt4NFZYvklf7yRQ&sa=X&ved=2ahUKEwjq-OblsKPkAhUdKqYKHZpuDeEQ9QEwAnoECAkQBg#imgrc=_&spf=1566920191773&vet=1

(그림 10) 폴라 네그리
https://upload.wikimedia.org/wikipedia/commons/a/a6/Flickr_-_···trialsanderrors_-_Pola_Negri_by_Abbé%2C_1921.jpg

(그림 11) 마이 페어 레이디 포스터
https://upload.wikimedia.org/wikipedia/en/d/d5/My_fair_lady_poster.jpg

(그림 12) 세실 비튼
https://upload.wikimedia.org/wikipedia/commons/1/13/Cecil_Beaton_by_James_Lafayette.jpg

(그림 13) 조세핀 베이커
https://de.wikipedia.org/wiki/Josephine_Baker#/media/Datei:Baker_Banana.jpg

(그림 14) 코코 샤넬
https://upload.wikimedia.org/wikipedia/commons/0/0a/Chanel_looking_out_in_the_distance.jpg

(그림 15) 수잔 랭글렌
https://upload.wikimedia.org/wikipedia/commons/6/65/SuzanneLenglen.jpg

(그림 16) 클라라 보우
https://upload.wikimedia.org/wikipedia/commons/d/d7/Clara_Bow_by_Albert_Witzel.jpg

(그림 17) 루이즈 브룩스 보브 헤어스타일
https://upload.wikimedia.org/wikipedia/commons/1/17/Louise_Brooks_detail_ggbain.32453u.jpg

(그림 18) 클로슈 햇
https://upload.wikimedia.org/wikipedia/commons/thumb/2/26/Claire_Windsor_by_Albert_Witzel.jpg/640px-Claire_Windsor_by_Albert_Witzel.jpg

(그림 19) 1974년 위대한 개츠비 포스터
https://en.wikipedia.org/wiki/The_Great_Gatsby_(1974_film)#/media/File:Great_gatsby_74.jpg

(그림 20) 2013년 위대한 개츠비 포스터
https://en.wikipedia.org/wiki/The_Great_Gatsby_(2013_film)#/media/File:TheGreatGatsby2013Poster.jpg

(그림 21) 캐서린 마틴
https://upload.wikimedia.org/wikipedia/commons/thumb/c/c3/Catherine_Martin_%28Australian_designer%29.jpg/800px-Catherine_Martin_%28Australian_designer%29.jpg

(그림 22) 시카고 포스터
https://en.wikipedia.org/wiki/Chicago_(2002_film)#/media/File:Chicago_(2002_film).png)

(그림 23) 콜린 엣우드

© Featureflash Photo Agency / Shutterstock.com

(그림 24) 에이드리언

https://upload.wikimedia.org/wikipedia/en/0/04/Adrian_Greenberg%2C_known_as_Adrian_or_sometimes_Gilbert_Adrian.jpg

(그림 25) 레티 린턴 드레스

© Billie Cassin / https://www.flickr.com

(그림 26) 그레타 가르보

https://pixabay.com/photos/greta-garbo-actress-vintage-movies-398405

(그림 27) 진 할로

https://pl.m.wikipedia.org/wiki/Plik:Jean_Harlow_Publicity.jpg

(그림 28) 어톤먼트 포스터

https://upload.wikimedia.org/wikipedia/en/e/e4/Atonement_UK_poster.jpg

(그림 29) 킹콩 포스터

https://upload.wikimedia.org/wikipedia/en/6/6a/Kingkong_bigfinal1.jpg

(그림 30) 보니앤 클라이드 포스터

https://upload.wikimedia.org/wikipedia/commons/thumb/b/b6/Bonnie_and_Clyde_%281967_teaser_poster%29.jpg/800px-Bonnie_and_Clyde_%281967_teaser_poster%29.jpg

(그림 31) 여성용 사이렌 슈트

https://i.pinimg.com/originals/0b/13/a9/0b13a9c37145318cd51a45b563e21f6a.jpg

(그림 32) 아이젠하워 재킷

https://upload.wikimedia.org/wikipedia/commons/thumb/f/fa/Jacket_Owned_and_Worn_by_General_Dwight_D._Eisenhower_-_NARA_-_7717661_%28page_2%29.jpg/800px-Jacket_Owned_and_Worn_by_General_Dwight_D._Eisenhower_-_NARA_-_7717661_%28page_2%29.jpg

(그림 33) 몽고메리 베레모

https://upload.wikimedia.org/wikipedia/commons/e/e4/Bernard_Law_Montgomery.jpg

(그림 34) 베티 그레이블

https://en.wikipedia.org/wiki/File:Betty_Grable_20th_Century_Fox.jpg

(그림 35) 리타 헤이워드

https://upload.wikimedia.org/wikipedia/en/6/6e/Rita-Hayworth-Landry-1941.jpg

(그림 36) 험프리 보가트

https://upload.wikimedia.org/wikipedia/commons/6/62/Humphrey_Bogart_in_Casablanca_trailer.jpg

(그림 37) 베로니카 레이크

https://upload.wikimedia.org/wikipedia/commons/5/59/Veronica_Lake_Paramount.jpg

(그림 38) 캐서린 햅번

https://pxhere.com/ko/photo/950708

(그림 39) 에비타 포스터

https://upload.wikimedia.org/wikipedia/en/c/cd/Madonna_-_Evita_%28poster%29.png

(그림 40) 노트북 포스터

https://upload.wikimedia.org/wikipedia/en/8/86/Posternotebook.jpg

(그림 41) 얼라이드 포스터

https://upload.wikimedia.org/wikipedia/en/4/43/Allied_%28film%29.png

(그림 42) 조안나 존스톤

© Walt Disney Television

https://www.flickr.com/photos/disneyabc/32322885613/in/photolist-RfgeMg

(그림 43) 오드리 햅번

https://upload.wikimedia.org/wikipedia/commons/5/5e/Audrey_Hepburn_1956.jpg

(그림 44) 마릴린 먼로

https://upload.wikimedia.org/wikipedia/commons/thumb/8/8d/Marilyn_Monroe_photo_pose_Seven_Year_Itch.jpg/800px-Marilyn_Monroe_photo_pose_Seven_Year_Itch.jpg

(그림 45) 엘리자베스 테일러

https://upload.wikimedia.org/wikipedia/commons/thumb/3/37/Elizabeth_Taylor_1.JPG/800px-Elizabeth_Taylor_1.JPG

(그림 46) 그레이스 켈리

https://upload.wikimedia.org/wikipedia/commons/thumb/a/af/Grace_Kelly_Promotional_Photograph_Rear_Window.jpg/800px-Grace_Kelly_Promotional_Photograph_Rear_Window.jpg

(그림 47) 엘비스 프레슬리

https://commons.wikimedia.org/wiki/Elvis_Presley#/media/File:Elvis_Presley_Jailhouse_Rock.jpg

(그림 48) 제임스 딘

https://ko.wikipedia.org/wiki/%EC%A0%9C%EC%9E%84%EC%8A%A4_%EB%94%98#/media/%ED%8C%8C%EC%9D%BC:James_Dean_in_Rebel_Without_a_Cause.jpg

(그림 49) 말론 브란도
https://www.flickr.com/photos/136879256@N02/24786321832

(그림 50) 헤어플라워장식
https://vintagedancer.com/1950s/1950s-hairstyles

(그림 51) 마릴린 먼로
https://en.wikipedia.org/wiki/Marilyn_Monroe#/media/File:Monroecirca1953.jpg

(그림 52) 오드리 햅번
https://pxhere.com/ko/photo/950693

(그림 53) 모나리자 스마일 포스터
https://upload.wikimedia.org/wikipedia/en/0/0e/Monalisasmile.jpg

(그림 54) 그리스 포스터
https://upload.wikimedia.org/wikipedia/en/e/e2/Grease_ver2.jpg

(그림 55) 알버트 월스키
https://upload.wikimedia.org/wikipedia/commons/1/14/Albert_Wolsky_2016.png

(그림 56) 아메리칸 그라피티 포스터
https://upload.wikimedia.org/wikipedia/en/e/e6/American_graffiti_ver1.jpg

(그림 57) 메리 퀸트
https://upload.wikimedia.org/wikipedia/commons/b/bd/Mary_Quant_in_a_minidress_%281966%29.jpg

(그림 58) 재클린 케네디
https://upload.wikimedia.org/wikipedia/commons/1/19/Mrs._Kennedy_in_the_Diplomatic_Reception_Room.jpg

(그림 59) 브리지트 바르도
https://upload.wikimedia.org/wikipedia/commons/thumb/2/20/Brigitte_Bardot%2C_1953_%2836209530070%29.jpg/499px-Brigitte_Bardot%2C_1953_%2836209530070%29.jpg

(그림 60) 바바렐라
https://upload.wikimedia.org/wikipedia/en/5/53/Barbarella_English_Poster.jpg

(그림 61) 모즈 스타일
https://en.wikipedia.org/wiki/File:Televisie-optreden_van_The_Beatles_in_Treslong_te_Hillegom_vlnr._Paul_McCartney,_Bestanddeelnr_916-5099.jpg

(그림 62) 비틀스 슈트
https://upload.wikimedia.org/wikipedia/commons/thumb/2/2b/The_Beatles%21.jpg/800px-The_Beatles%21.jpg

(그림 63) 지미 헨드릭스
https://upload.wikimedia.org/wikipedia/commons/a/af/Jimi_Hendrix_1967_uncropped.jpg

(그림 64) 롤링 스톤스
https://snapfashion.files.wordpress.com/2012/07/rolling-stones.jpg

(그림 65) 에디 세즈윅
http://kristenkeller.com/2015/04/edie-sedgwick-my-style-icon

(그림 66) 지미 헨드릭스
© Philippeecharoux
https://commons.wikimedia.org/wiki/File:Philippe_Echaroux_-_Portrait_de_Jimi_Hendrix_en_2014.jpg

(그림 67) 트위기
© eternal jamzzzz
https://www.flickr.com/photos/yarnlazerstore/4477574071

(그림 68) 헤어스프레이 포스터
https://upload.wikimedia.org/wikipedia/en/5/5c/Hairspray2007poster.JPG

(그림 69) 헬프 포스터
https://upload.wikimedia.org/wikipedia/en/b/b5/Help_poster.jpg

(그림 70) 팩토리 걸 포스터
https://upload.wikimedia.org/wikipedia/en/9/9a/Factory_girl.jpg

(그림 71) 드라마 롱 스트리트
https://www.youtube.com/watch?v=mtk0hrjxDEY

(그림 72) 존 트라볼타
https://upload.wikimedia.org/wikipedia/commons/thumb/d/d1/John_T_color_01.jpg/800px-John_T_color_01.jpg

(그림 73) 파라 포셋
https://en.wikipedia.org/wiki/Farrah_Fawcett#/media/File:Farrah_Fawcett_iconic_pinup_1976.jpg

(그림 74) 데이비드 보위

https://forums.stevehoffman.tv/threads/favorite-
tunes-from-the-70s-glam-rock.668001

(그림 75) 섹스 피스톨즈

https://upload.wikimedia.org/wikipedia/commons/
0/02/Thomas_Dellert_aka_Tommy_Dollar_as_one_
of_the_original_London_Punk_Rockers_1975_here_i
n_the_middle_of_the_Sex_Pistols.jpg

(그림 76) 밥 말리

https://upload.wikimedia.org/wikipedia/commons/
5/5e/Bob-Marley.jpg

(그림 77) 펑크 스타일

ⓒ Bruno-Bueno

https://www.pexels.com/ko-kr/photo/3722354

(그림 78) 모히칸 헤어스타일

https://pixabay.com/ko/photos/%ED%97%A4%EC%96
%B4%EC%8A%A4%ED%83%80%EC%9D%BC-%E
B%A8%B8%EB%A6%AC-%ED%8E%91%ED%81%AC-
%EC%9D%B8%EA%B0%84%EC%9D%98-426711

(그림 79) 파라포셋의 히피 헤어스타일

https://en.wikipedia.org/wiki/Farrah_Fawcett#/
media/File:Farrah_Fawcett_1977.JPG

(그림 80) 데이비드 보위

ⓒ Piano Piano! / https://www.flickr.com

(그림 81) 토요일 밤의 열기 포스터

https://upload.wikimedia.org/wikipedia/en/4/45/Satur
day_night_fever_movie_poster.jpg

(그림 82) 애니홀 포스터

https://upload.wikimedia.org/wikipedia/en/e/e6/
Anniehallposter.jpg

(그림 83) 벨벳 골드마인 포스터

https://upload.wikimedia.org/wikipedia/en/d/da/
VelvetGoldminePoster.jpg

(그림 84) 마이클 잭슨

https://upload.wikimedia.org/wikipedia/commons/
thumb/4/40/Michael_Jackson_Dangerous_World_
Tour_1993.jpg/800px-Michael_Jackson_Dangerous_
World_Tour_1993.jpg

(그림 85) 런 디엠씨

ⓒ Simon Breese / https://www.flickr.com

(그림 86) 소피마르소

ⓒ Georges Biard

https://commons.wikimedia.org/wiki/File:Sophie_Mar
ceau_Cannes_2015_3.jpg

(그림 87) 다이애나 비

https://upload.wikimedia.org/wikipedia/commons/
5/5e/Diana%2C_Princess_of_Wales_1997_%282%29.
jpg

(그림 88) 마돈나

ⓒ Mobu27

https://www.flickr.com/photos/42072066@N05/388
3049336

(그림 89) 보이 조지

https://en.uncyclopedia.co/wiki/File:Bg82.jpg

(그림 90) 싱 스트리트 포스터

https://upload.wikimedia.org/wikipedia/en/2/2c/
Sing_Street_poster.jpeg

(그림 91) 프리티 우먼 포스터

https://upload.wikimedia.org/wikipedia/en/b/b6/
Pretty_woman_movie.jpg

(그림 92) 슈퍼모델

https://www.flickr.com/photos/47234826@N06/
4343554941

(그림 93) 제니퍼 애니스톤

ⓒ Everett Collection / Shutterstock.com

(그림 94) 알리야

ⓒ L / https://www.flickr.com

(그림 95) 윌 스미스

https://upload.wikimedia.org/wikipedia/pt/8/8c/
Logo_The_Fresh_Prince_of_Bel-Air.jpg

(그림 96) 커트 코베인

ⓒ Mahesh Sridharan / https://www.flickr.com

(그림 97) 케이트 모스

https://www.artsy.net/article/artsy-editorial-25-years
-mario-sorrenti-unveils-intimate-photos-kate-
moss

(그림 98) 키치 메이크업

ⓒ Isabela

https://www.pexels.com//ko-kr/photo/7572824

(그림 99) 퓨처리즘 메이크업

https://pixabay.com/ko/illustrations/%EC%97%AC%
EC%9E%90-%EC%97%AC%EC%84%B1-%EC%96%
BC%EA%B5%B4-%EB%A8%B8%EB%A6%AC-
4335843

(그림 100) 로미오와 줄리엣 포스터

https://en.wikipedia.org/wiki/Romeo_%2B_Juliet#/

media/File:William_shakespeares_romeo_and_julie

t_movie_poster.jpg

(그림 101) 클루리스 포스터

https://upload.wikimedia.org/wikipedia/en/5/5a/

Clueless_film_poster.png

CHAPT

패션 테마 스타일링

• 패션 이미지 & 스타일 1(양성성)

1. 페미닌(Feminine)

1) 페미닌의 의미

페미닌이란 '여자의', '여성의', '여성스러운'이라는 뜻으로, 여성만의 부드러움, 연약함, 모성애 등의 무의식적 성향을 의미한다.

2) 페미닌 스타일의 특징

복식사에서 여성의 육체적 미를 잘 드러낸 드레이프(Drape) 형의 그리스(Greece) 복식 스타일이 페미닌 패션의 시초라 볼 수 있다. 이러한 페미닌 패션은 왕조 시대를 거치면서 장식성을 강조한 화려하고 럭셔리한 스타일로 발전한다. 현대 패션에서는 1900년대 초반 슬림(Slim)하고 긴 실루엣(Silhouette)을 거쳐, 중반 꾸뛰르(Coutre) 감각의 허리를 조여 준 슈트룩(Suit Look), 그 이후 로맨틱한 에스닉룩(Ethnic Look)과 스포츠룩(Sports Look) 등으로 현대적인 감각을 흡수하며 변화를 거듭하게 된다.

시대의 특성을 반영하면서 변화해온 페미닌 패션의 특징은 다음과 같다.

(1) 컬러와 소재

고명도와 부드러운 채도, 파스텔 톤(Pastel Tone)과 같은 따뜻한 색감이 대표적이다. 부드럽고 투명한 느낌의 시폰(Chiffon)이나 오간자(Organza) 소재와 매끄럽고 부드러운 느낌, 반짝임의 실크(Silk)와 벨벳(Velvet) 등이 대표 소재이며, 바디라인(Body Line)을 강조할 수 있는 신축성의 라이크라(Lycra) 소재 또한 여성스러움을 표현한다.

(2) 실루엣

곡선 또는 가는 선을 활용한 X실루엣, S실루엣, 아워글래스(Hourglass) 실루엣으로 부드럽고 우아한 유연성을 표현한다.

(3) 문양

잔잔한 꽃무늬 혹은 물방울무늬 등 작고 자연스러운 곡선을 응용한 문양의 프린트로 여성성을 연출한다.

(4) 디테일

레이스(Lace), 프릴(Frill), 플라운스(Flounce), 리본(Ribbon), 술, 화려한 자수 등의 트리밍(Trimming)과 디테일(Detail) 장식을 활용한다.

(5) 액세서리

귀걸이, 팔찌, 목걸이 등의 장신구가 활용된다.

(6) 헤어 & 메이크업

청순하고 부드러운 이미지 표현을 위한 밝은 피부 표현과 페일톤의 핑크, 오렌지, 코럴 컬러를 이용하여 아이 메이크업 및 치크를 연출한다. 진하고 강한 아이라인 표현은 피하고 또렷하되 부드러운 느낌이 들도록 펜슬이나 케이크 타입을 이용하는 것이 알맞다.

그림 1
페미닌 컬러 스웨터

그림 2
페미닌 소재 드레스

립 표현도 글로시한 텍스처의 코럴, 핑크 베이지, 오렌지 베이지 등을 선택하여 아이섀도 컬러와 조화를 이룰 수 있도록 한다.

헤어스타일은 약간의 웨이브가 있는 롱 헤어가 어울리며, 밝은 브라운 헤어 컬러로 부드러운 이미지 표현을 할 수 있도록 한다.

그림 3
페미닌 장식 구두

(그림 1)의 따뜻한 파스텔 톤 핑크 니트 스웨터(Sweater),

(그림 2)의 부드럽고 투명한 소재 드레스, (그림 3)의 고명도 컬러 리본 장식 슈즈 모두 페미닌한 감성의 요소들을 잘 활용한 디자인이다.

2. 매니시(Mannish)

1) 매니시의 의미

매니시란 '남자와 같은', '남성풍의', '남성 취향의'라는 뜻으로 남성복 디자인의 요소를 여성복에 도입하여 남성다운 감각과 이미지로 표현한 스타일을 의미하며 매스큘린(Masculine)과 비슷한 개념으로 쓰인다.

2) 매니시 스타일의 특징

그림 4 마를렌 디트리히

그림 5 르 스모킹 스타일

(그림 4)는 1930년 할리우드의 영화 모로코(Morocco)에서 마를렌 디트리히(Marlene Dietrich)가 판탈롱(Pantalon) 슈트를 착용한 모습이다. 이는 매니시 패션의 시초가 되었으며 남성복이 여성의 의복으로 완전히 정착된 시기는 밀리터리룩(Military Look)이 유행했던 2차 세계대전 전후라 할 수 있다.

1960년대에 들어서면서 여성 노동 인구의 증가와 여성 해방운동 활성화로 여성들의 바지 착용이나 신체 노출이 더욱 증가하고 자연스러워졌다. (그림 5)는 1966년 당시 디자이너 이브 생로랑(Yves Saint Laurent)이 발표한 르 스모킹 스타일(Le Smoking Style)이다.

1970년대 이후, 여성의 사회참여 기회가 증가하고 결혼 연령과 출산 시기가 늦어지는 현상에 따라 여성복은 기존의 보수적인 스타일에서 탈피해 남성들의 테일러드 슈트(Tailored Suit), 다양한 형태의 바지를 비롯해 블레이저(Blazer) 재킷, 남성용 셔츠, 중절모 등을 받아들이게 된다.

이러한 매니시룩은 2000년대 이후 여성성을 믹스한 매니시룩, 모던한 감성의 매니시룩, 클래식한 댄디룩(Dandy Look) 등 다양한 이미지와 스타일로 발전하게 되는데 그 특징들은 다음과 같다.

(1) 컬러와 소재

회색, 검은색 등의 무채색 혹은 저명도의 색상으로 남성적 이미지를 연출하며 거칠고 무거우며 양감이 있는 소재, 가죽이나 스웨이드(Suede) 등이 대표적이다.

(2) 실루엣

직선이 강조된 H 실루엣, Y 실루엣에 의한 딱딱한 이미지가 특징이다.

(3) 문양

스트라이프(Stripe)나 체크(Check) 등의 직선적이고 기하학적 무늬로 남성성을 표현한다.

(4) 액세서리

남성용 단화, 중절모, 넥타이, 지팡이 등이 코디네이션 된다.

(5) 헤어 & 메이크업

색감 표현을 절제하되 아이브로, 아이라인, 립 라인 등에 직선적 표현을 이용하면 매니시 이미지를 효과적으로 표현할 수 있다. 조금 어두운 피부 표현과 베이지 브라운과 같은 색감을 이용하여 눈매의 음영을 주고 직선적 치크 및 섀딩 표현을 통해 얼굴 윤곽을 살리는 것이 효과적이다.

립 표현의 경우 매트한 질감을 선택하고 베이지나 스킨톤으로 표현하거나, 짙은 브라운 컬러 등으로 포인트를 줄 수 있다.

헤어스타일은 짧은 커트형이나 포니테일형으로 깔끔하게 연출한다.

3. 앤드로지너스(Androgynous)

1) 앤드로지너스의 의미

앤드로지너스란 남자를 뜻하는 앤드로스(Andros)와 여자를 뜻하는 지나케아 (Gynacea)의 합성어로 남자와 여자의 특성을 모두 소유하고 있는 것을 말한다. 즉 이성, 공격성, 용기, 힘과 같은 남성적 특성과 유연성, 인내, 순종, 직관과 같은 여성적 특성이 균형과 조화를 이루는 인간 상태를 의미한다.

2) 앤드로지너스 스타일의 특징

앤드로지너스 패션은 남성성과 여성성의 대립적 감성의 결합을 통해서 새로운 이미지와 스타일을 만들어낸다. 1960년대 후반 히피룩(Hippie Look)에 의한 유니섹스(Unisex) 경향으로 나타나기 시작한 앤드로지너스룩은 1970년대 이후 글램 로커(Glam Rocker) 들의 성향과 패션으로 대변되면서 양성 주의적 시각과 스타일로 진화한다. 여성의 남성화 경향이 아주 크게 나타나는 1980년대와 개성을 중시하는 패션 문화가 형성된 1990 년대를 지나면서 두 성의 이미지와 특성을 혼합해서 표현하는 방법이 더욱 발전하게 된다. 2000년대 이후 각각의 성을 특징짓는 요소들을 반대 성에서 차용한 스타일이 부각되고 이에 따른 여러 가지 이미지의 색다른 변화를 즐기게 되었다.

앤드로지너스 패션의 표현적 특성은 중성적 이미지와 양성적 이미지로 나누어 볼 수 있다.

(1) 중성적 이미지
남성성과 여성성을 모두 배제한 중립적인 이미지로 남녀가 함께하는 스타일을 말한다. 튜닉(Tunic)형이나 평면형의 의상으로 표현이 가능하다.

(2) 양성적 이미지
남성과 여성의 특징을 부정하지 않고 자유롭게 조화, 융합시킴으로써 만들어지거나 이성의 아이템을 차용하는 방법으로 표현된다. 또한 남성과 여성의 의상을 한 착장에 공유함으로써 두 가지 성을 동시에 표현하는 방법을 선택하기도 한다.

(3) 헤어 & 메이크업

중성적 이미지 표현은 매니시 이미지와 같이 표현할 수 있으며, 양성적 이미지의 경우 패션아이템을 고려하여 양성을 동시에 표현하거나 짙은 아이섀도와 아이라인, 아우트라인 형태의 글로시한 레드 계열 립 연출을 통해 여성성을 보다 강조하기도 한다.

헤어스타일은 정형화된 형태는 없으나 일반적으로 웨이브나 스트레이트의 롱 헤어로 연출한다.

그림 6 앤드로지너스 스타일   **그림 7** 앤드로지너스 스타일

(그림 6)과 (그림 7)은 여성의 란제리(Lingerie)와 뷔스티에(Bustier)를 남성 슈트, 셔츠와 타이 등과 코디네이션 해 앤드로지너스 이미지를 연출하고 있다.

패션 이미지 &
스타일 2(낭만성)

1. 로맨틱(Romantic)

1) 로맨틱의 의미

프랑스어로 로망(Roman: 소설)이 그 어원으로 낭만주의(Romanticism)에서 파생되었으며 '가공의', '허구의', '공상적인', '낭만적인'이라는 뜻을 가진다. 넓은 의미로는 낭만적, 환상적, 몽환적인 예술 경향을 총칭하고 좁은 의미로는 19세기 유럽 예술 사조를 말한다. 형식보다 개성과 자아를 존중하고 느낌과 직관, 충동과 열정 등을 중요시하는 경향을 지닌다.

2) 로맨틱 스타일의 특징

19세기 로맨티시즘 복식에는 장식성, 관능성, 이국적 취향의 미적 특성이 나타난다. 다양한 문양의 프린트(Print)를 사용하고 스팽글(Spangle), 인조 보석, 자수 등의 수공예로 소재의 표면을 화려하게 장식해 의복의 가치와 고급스러운 감성을 높였으며 프릴과 러플(Ruffle), 플라운스와 셔링(Shirring), 리본과 레이스, 코르사주(Corsage) 등의 디테일 장식으로 여성스러움과 낭만적인 감성을 극대화하였다.

코르셋(Corset)과 페티코트(Petticoat)를 사용하여 허리선을 조이고 소매와 스커트 선을 부풀려 연출되는 X-자형 실루엣으로 관능미를 연출했으며 깊게 파인 네크라인(Neckline)으로 어깨와 가슴선을 드러냈다. 또한 거즈(Gauze)와 레이스, 시폰(Chiffon)과 오간자(Organza) 등 투명감이 있는 소재를 사용해 신체를 간접 노출하는 방법으로 관능적인 이미지를 만들어냈다.

동방 세계의 신비로움에 대한 동경으로 인도와 페르시아(Persia), 중국 등에서 유입되거나 영감을 얻은 소재와 문양을 사용하고 장신구를 착용하였다.

(그림 8)은 19세기 로맨티시즘 복식의 장식성, 관능성, 이국적 취향의 특성들을 잘 보

여주고 있다.

19세기 로맨티시즘을 바탕으로, 현대 패션에서는 로맨틱 이미지 표현을 위하여 다음과 같은 특징들이 활용된다.

그림 8 19세기 로맨티시즘 복식

(1) 컬러와 문양

고명도와 부드러운 채도, 파스텔톤과 같은 따뜻한 색감과 자연스러운 곡선의 다양한 문양이 활용되나 특히 꽃문양이 주목받는다.

(2) 소재

레이스, 시폰, 오간자 등의 부드럽고 투명한 시스루(See-Through) 소재와 반짝임이 있는 실크(Silk)와 벨벳(Velvet) 등이 대표 소재이다.

(3) 실루엣

곡선 또는 가는 선을 활용한 X-실루엣, S-실루엣의 부드러움으로 유연성을 표현하고, 개더, 셔링, 플리츠 장식이 만들어내는 풍성한 실루엣으로 화려함을 더한다.

(4) 디테일

개더, 셔링, 플리츠(Pleats), 프릴, 러플, 리본, 비즈, 스팽글, 자수, 코르사주 등 다양한 장식 디테일이 활용된다.

(5) 액세서리

귀걸이, 팔찌, 목걸이, 머리 장식 등의 장신구가 다양하게 연출된다.

(6) 헤어 & 메이크업

여성적이고 낭만적인 이미지를 표현하기 위해서 곡선을 활용한 부드러운 감성 표현, 흰 표현, 파스텔톤 컬러를 이용하여 표현하는 것이 좋다. 몽환적이거나 럭셔리한 감성 연출을 위해 반짝이는 펄(Pearl)감을 더할 수 있다.

자연스러운 아이브로와 강하지 않게 표현된 아이라인, 짙은 컬러감 보다는 아이섀도 컬러와 조화를 이룬 컬러의 글로시한 립 표현이 알맞다.

헤어스타일은 굵은 웨이브 형태의 단발이나 롱 헤어, 약간 헐렁한 듯 묶은 반묶음 헤어나 포니테일 형태 등으로 연출할 수 있다. 의상의 장식적인 디테일을 헤어 장식으로 통일감있게 활용하기도 한다.

172

이러한 로맨틱 패션 경향은 현대 패션에서 큰 주류 중 하나를 차지하고 있으며, 사회적 변화와 트렌드의 흐름에 따라 다양한 유형으로 변화되고 혼합되면서 로맨틱 펑크(Punk), 로맨틱 밀리터리, 로맨틱 히피(Hippie), 로맨틱 팝(Pop) 등 새로운 로맨틱 이미지와 스타일들로 연출되고 있다.

(그림 9)의 원피스 드레스는 풍성한 러플과 꽃문양이 장식된 부드러운 소재로 로맨틱한 이미지를 연출하고 있으며 (그림 10)의 풍성

그림 9
러플 장식 로맨틱
스타일

그림 10
로맨틱 밀리터리
스타일

한 시폰 소재 스커트는 밀리터리 감각의 셔츠와 코디네이션 되어 현대적인 감각의 로맨틱 밀리터리룩을 표현하고 있다.

2. 미네트(Minette)

1) 미네트의 의미

미네트란 10~20대 초반의 젊은 여성을 표현하는 말로 '귀여운 소녀', '멋을 낸 젊은이'라는 뜻을 갖는다. 패션에 있어서 미네트는 새롭고 멋있는 것을 적극적으로 수용하는 성숙하고 발랄한 소녀 이미지의 스타일을 의미한다.

2) 미네트 스타일의 특징

미네트 패션은 1960년대 급변하는 사회 변화 속에서 등장한 영(Young) 문화와 영(Young) 패션의 영향으로 유행한 스타일이다. 1960년대 패션은 대담하고 실험적인 스타

일, 반항적인 스타일, 부드러우면서 소녀적인 스타일 등으로 표현되었는데, 소녀적인 스타일이 미네트 패션 이미지다.

미네트 패션은 기존의 조용하고 차분한 소녀 이미지와는 달리 발랄하고 깜찍한 패션 감각, 유머스럽고 사랑스러운 이미지가 특징이며 이러한 이미지를 대표하는 스타일로는 발레리나 룩(Ballerina Look), 스쿨걸 룩(Schoolgirl Look) 등이 있다.

미네트 스타일링 요소별 특징은 다음과 같다.

(1) 컬러와 소재

부드러운 파스텔톤 컬러와 레이스 혹은 나풀거리는 소재가 대표적이나 스쿨걸 룩의 경우 짙은 톤의 울(Wool) 소재와 체크 패턴이 활용된다.

(2) 아이템

허리길이의 짧은 재킷과 점퍼, 주름이나 개더가 잡힌 미니스커트, 부드러운 소재의 허리선이 높은 미니 드레스, 에이프런(Apron) 스타일의 원피스 등이 대표적인 아이템이다.

(3) 액세서리

무릎길이의 삭스(Socks)와 불투명 스타킹, 가죽 소재 발레 슈즈(Ballet Shoes), 메리제인(Mary Jane) 스타일의 에나멜(Enamel) 구두, 둥근 실루엣의 자그마한 가방 등이 활용된다.

(4) 메이크업 & 헤어

전체적으로 밝고 촉촉한 피부 표현과 코럴 컬러의 치크 표현과 글로시하고 촉촉한 립 표현이 포인트이다. 소녀적인 이미지를 주기 위해 강한 선처리는 지양하며 내추럴한 메이크업으로 완성한다.

부드러운 웨이브의 롱 헤어스타일이나 자연스러운 단발 스타일은 미네트 이미지를 효과적으로 연출할 수 있다.

그림 11 스쿨걸 룩

그림 12
미네트 스타일 원피스룩

그림 13
미네트 스타일 원피스룩

(그림 11)은 스쿨걸 룩 이미지 패션 사진이다. 체크 패턴의 미니 스커트와 니트 풀오버(Knit Pullover), 불투명 스타킹이 활용되었다.

(그림 12), (그림 13)은 컬렉션에 등장한 미네트 룩이다. 부드러운 소재의 미니 드레스, 부드러운 웨이브의 긴 헤어스타일, 메리제인 스타일의 구두로 스타일이 완성되었다.

174

3. 메르헨(Märchen)

1) 메르헨의 의미

독일어 용어인 메르헨은 '요정 이야기' 혹은 '동화'를 뜻하며 공상적이고 비현실적인 어린이용 우화나 옛날이야기를 의미하기도 한다.

2) 메르헨 스타일의 특징

메르헨 패션이란 동화같이 로맨틱하고 공상적인 디자인의 의복을 총칭하며 동화나 환상적인 이야기에 등장하는 캐릭터(Character) 이미지를 응용하거나 이와 같은 분위기를 살린 아동 취향의 의상을 의미한다.

메르헨 이미지를 대표하는 특정 아이템(Item)이나 컬러, 소재가 따로 있지 않으며 동화 속 주인공이나 인상적인 캐릭터를 표현할 수 있는 다양한 요소와 방법이 활용된다.

(1) 컬러와 소재
특정한 컬러나 소재로 표현되거나 대변되지 않고 캐릭터의 특성을 연출할 수 있는 다양한 컬러, 소재들이 폭넓게 선택된다.

(2) 실루엣
캐릭터의 이미지에 따라서 다양한 실루엣이 도입될 수 있으며, 일반적인 의상 스타일 보다 과장된 크기의 실루엣으로 연출된다.

(3) 문양

캐릭터를 사실적으로 프린트한 문양 혹은 캐릭터의 이미지를 상징적으로 표현할 수 있는 다양한 문양들을 선택할 수 있다.

(4) 디테일

낭만적이거나 환상적인 캐릭터 이미지를 위해 개더, 셔링, 플리츠(Pleats), 프릴, 러플, 리본, 비즈, 스팽글, 자수, 코르사주, 깃털 등의 장식이 활용되며 내추럴하거나 우스꽝스러운 캐릭터에는 패치워크(Patchwork) 기법이 활용되기도 한다.

(5) 액세서리

캐릭터를 응용한 소품들을 의상에 장식하거나 액세서리로 코디네이션하는 방법, 장난감을 스타일링 소품으로 활용해 메르헨 감각을 연출할 수 있다.

(6) 헤어 & 메이크업

메르헨 이미지는 캐릭터의 특징을 잘 표현해야 하기 때문에 특히 헤어와 메이크업의 연출이 중요한 요소이다.

캐릭터 선정에 따라 그 특징이 다르기 때문에 헤어·메이크업을 정형화시킬 수는 없으나 아이섀도와 치크, 립에 컬러감을 강하게 사용하거나, 아이라인이나 아이섀도, 립의 형태감 표현을 통해 강조하는 방법 등이 있다.

귀엽고 재미있는 캐릭터의 특징을 더욱 유쾌하게 강조하거나 재현하고, 로맨틱한 감성의 여주인공은 핑크 컬러의 치크와 글로시한 립표현으로 바비인형처럼 표현하기도 한다. 몽환적인 분위기나 악역 캐릭터를 표현할 때는 아트적인 감각의 메이크업이나 헤어스타일이 요구된다.

그림 14 신데렐라 이미지의 메르헨 스타일 　　　　**그림 15** 영화 미녀와 야수

(그림 14)는 신데렐라(Cinderella)를 패러디한 메르헨 이미지 패션화보이며 (그림 15)는 영화 미녀와 야수의 한 장면이다.

블루와 옐로의 로맨틱한 컬러, 레이스와 시폰 소재, 여성적인 실루엣과 디테일 장식의 화려한 드레스 디자인이 이야기만큼이나 로맨틱한 감성과 주인공의 아름다움을 잘 표현하고 있다.

● 패션 이미지 & 스타일 3 (민속성과 자연성)

1. 에스닉(Ethnic)

1) 에스닉의 의미

'인종의', '민족의', '민속풍의', '이교도의'라는 뜻으로, 기독교 문화권을 중심으로 비기독교 문화권인 중근동, 아시아 지방 혹은 그 밖의 민족과 민속풍을 의미한다.

2) 에스닉 스타일의 특징

에스닉 패션이란 비기독교 문화권에 해당하는 다양한 민족의 토속적이고 민속적인 특성이 표현된 이미지와 스타일을 의미한다. 대표적인 지역과 문화로는 중근동 지방, 중남미 잉카문명, 중앙아시아의 인도와 인도네시아, 극동아시아의 중국, 한국, 일본 등을 들 수 있다.

민속풍 또는 민족 특유의 양식은 자연에 따른 환경적 조건, 인종에 따른 신체적 조건, 시대에 따른 역사적 조건, 전통과 풍습에 따른 문화적 조건에 따라 민족이나 국가별로 특성을 공유하면서 타 집단과 구별되는 특징을 갖는다.

이국적 이미지, 자연적 이미지, 전통적 이미지, 공예적 이미지가 잘 연출되는 에스닉 스타일의 특징은 다음과 같다.

(1) 컬러

에스닉 패션의 컬러는 민속성을 나타내는 색 혹은 풍토와 기후에 따른 자연에서 추출된 색으로 표현된다. 예를 들면 한국의 오방색(황, 청, 백, 적, 흑)과 내추럴 컬러, 중국의 레드와 골드, 인도의 핑크빛 레드와 골드, 서아시아와 중앙아시아의 인디고블루, 레드, 샤프란(Saffron) 컬러, 아프리카(Africa)의 검은색과 베이지, 황토색 등의 내추럴 컬러와 강렬한 원색이 대표적이다.

(2) 소재

에스닉 소재는 자연환경의 영향으로 그 문화의 지리적 위치와 풍토, 기후에 따라 좌우되는 특성이 있고 생활문화와 밀접한 관련이 있다. 면과 실크 등의 천연섬유, 자연섬유가 일반적이다.

(3) 문양

한민족의 고유한 문양은 전통문화와 종교의 상징적 의미를 내포하고 있으므로 그 민족의 문화적 특성뿐만 아니라 독특한 이미지를 잘 표현한다. 터키(Turkey) 직물의 경우 장미나 카네이션과 같은 꽃들을 양식화한 문양이 많이 사용되고 중국의 경우 용 문양, 인도의 금사 직물에는 일상의 생활 삽화가 많이 나타난다. 염색이나 프린트, 직조 혹은 자수 기법으로 다양한 전통적, 토속적 문양들을 표현한다.

(4) 메이크업 & 헤어

동양풍 느낌의 밝고 흰 피부나 원시적인 느낌의 어두운 표현, 피부 위에 상흔, 문신 문양 등으로 이미지를 연출할 수 있다. 아이브로는 가늘고 길게 표현하여 다듬어지지 않은 듯한 자연스러움을 연출하되 아이섀도의 연출은 강렬한 이미지 또는 내추럴한 이미지로 다양하게 표현할 수 있다. 강렬한 이미지는 블랙 컬러의 스모키 메이크업으로 눈매를 강조하는 것이 대표적이고, 그 외 딥 톤과 덜 톤의 어두운 컬러로 집시풍 이미지를 표현한다. 치크는 레드 계열로 볼 안쪽에 컬러를 강조하여 동양풍 표현을 하며, 립은 누드 컬러의 매트한 질감 표현, 내추럴한 이미지의 베이지 또는 브라운 계열의 표현, 동양풍의 이미지를 표현한 레드계열의 립 표현 등이 가능하다.

헤어스타일은 부스스한 부피감 표현의 자연스럽게 풀어헤친 메시 헤어스타일이나 땋은 스타일, 깃털이나 프린지 장식을 이용한 헤어 장식 등을 활용할 수 있다.

그림 16 중동풍의 하렘 팬츠와 술탄 스커트

(그림 16)은 1910년대 디자이너 폴 푸아레(Paull Poiret)가 선보인 중동풍의 하렘팬츠(Harem Pants)와 술탄 스커트(Sultan Skirt)이다. 이는 일본풍의 기모노 가운(Kimono Gown)과 함께 20세기 에스닉 패션의 시초가 된다.

(그림 17)은 인디언풍 의상을 착용한 히피 뮤지션의 모습이다.

1960년대에는 미국의 히피 저항운동으로 동양문화와 제3세계에 대한 관심이 높아지면서 인디언풍 의상이 유행하게 된다. 그 후 1970년대와 1980년대 오리엔탈리즘(Orientalism)의 확산을 거쳐, 환경보호에 관심이 모아졌던 1990년대의 에콜로지(Ecology) 운동과 함께 에스닉풍의 의상들이 다시 주목받았다. 이러한 에스닉 스타일의 유행은 시대적 특성이 반영되면서 현재까지 이어지고 있다.

그림 17
인디언풍의 에스닉 스타일

2. 트로피컬(Tropical)

1) 트로피컬의 의미

트로피컬은 '열대 지방의', '열대의'라는 뜻이며, 트로피컬 룩이란 열대지방의 민속의상 이미지를 반영한 옷차림 혹은 열대지방을 연상시키는 패션 스타일을 의미한다.

2) 트로피컬 스타일의 특징

하와이(Hawaii), 사모아(Samoa), 타히티(Tahiti) 등 열대지방의 민속적 이미지를 모티브로 한 트로피컬 무드의 의상들은 다음과 같은 특징을 보인다.

(1) 컬러

작열하는 태양의 붉은색, 옐로, 오렌지와 같은 상큼한 열대과일 색, 시원한 바다의 코발트색, 식물의 강한 생명력을 느끼게 하는 그린 등 열대 지방에서 볼 수 있는 밝고 대담하며 강렬한 색채를 사용한다.

(2) 소재

열대 지방의 땀 흡수가 용이한 〈면〉과 얇고 가볍고 깔깔한 촉감의 소모 직물인 '트로피컬 라나' 등이 많이 활용된다.

(3) 문양

(그림 18)에서 보이는 것과 같이 열대지방의 식물 잎과 화려한 꽃은 트로피컬 이미지를 대표하는 문양이다. 이와 함께 싱그러운 과일, 바다 속 열대어 등의 문양이 강렬한 색상으로 디자인되어 이국적이고 시원한 이미지를 표현한다.

그림 18 트로피컬 문양

(4) 실루엣

알로하 셔츠(Aloha Shirts), 무무 드레스(Muumuu Dress), 팔레오 드레스(Pareo Dress), 삼바 팬츠(Samba Pants) 등은 트로피컬 스타일을 대표하는 아이템들이며 이는 열대 지방의 더위를 고려하여 간단하고 심플한 실루엣과 편하게 입을 수 있도록 디자인된다.

그림 19 트로피컬 액세서리

(5) 액세서리

열대과일, 열대어, 꽃과 나뭇잎 모양으로 디자인된 액세서리들로 사실적이며 과장성이 강한 특징을 가지고 있다. (그림 19)는 열대과일을 사실적으로 표현한 트로피컬 이미지의 액세서리 디자인이다.

(6) 헤어 & 메이크업

강렬한 열대 컬러들을 연상할 수 있는 비비드 톤의 컬러를 사용한 아이와 립 메이크업이 포인트이다. 대조 배색으로 보다 더 대담하게 연출할 수 있지만 강한 컬러를 사용할 때에는 원 포인트(One Point) 메이크업을 하는 것이 거부감이 없으며, 태닝한 듯 어두운 피부 표현으로 트로피컬의 이국적인 감성을 연출할 수 있다.

헤어스타일은 물을 머금고 있는 것처럼 촉촉한 헤어 질감과 컬이 강한 컷 웨이브, 레이어드 컷 등의 표현으로 건강한 여성미를 완성할 수 있다.

3. 프리미티브(Primitive)

1) 프리미티브의 의미

'원시의', '본래의', '원초적인'이라는 뜻으로, 석기시대, 에스키모, 인디언, 아프리카 원주민들의 문화 원형 그대로의 순수함을 느끼게 하는 이미지를 의미한다.

2) 프리미티브 스타일의 특징

태고의 원형이 가지고 있는 순수함을 표현하는 프리미티브는 미술 분야에서부터 그 특징이 두드러지게 나타나기 시작했으며 고갱(Gauguin), 자코메티(Giacometti), 피카소(Picasso) 등이 대표 화가이다. 이들은 원시 문화나 현존하는 미개 문화를 추상적이고 신비롭게 표현하였는데 이러한 특성들을 의상에 적용한 것이 프리미티브 스타일이다. 그 표현적 특성을 살펴보면 다음과 같다.

(1) 컬러

척박한 사막의 갈색, 낡고 퇴적된 흑갈색, 녹슬고 부식된 청동색 등과 같이 오랜 세월의 흔적을 느낄 수 있는 컬러들과 (그림 20)과 같이 아프리카의 원시성을 상징하는 강렬한 원색이 대표적이다.

(2) 소재와 문양

천연소재가 주로 사용되며 (그림 21)과 같이 추상적이고 기하학적인 문양을 도

그림 20
프리미티브 컬러

그림 21
프리미티브 문양

입하거나 이집트 상형문자, 잉카문명의 이미지, 동물 문양 등을 활용해 원시성을 표현한다.

(3) 실루엣

자연스러움을 강조하기 위하여 봉제를 극소화하거나 단추나 지퍼 등을 사용하지 않고
마무리하는 특징을 보인다.

(4) 액세서리

액세서리는 프리미티브 이미지 연출에 있어서 매우 특징적이고 중요한 연출 요소라고 할
수 있다. 동물의 이빨이나 어패류, 새의 깃털 등과 같이 자연적인 소재로 디자인된 장신
구를 과장되게 표현하는 것이 특징이다.

(5) 헤어 & 메이크업

원초적인 이미지 연출을 위해서 피부 위에 상흔, 문신 문양 등으로 원시 부족의 특성이
나 공격성을 표현할 수 있다. 어두운 피부 표현과 다듬어지지 않은 듯 내추럴한 아이브
로, 브라운 계열의 컬러로 프리미티브 이미지를 완성할 수 있다.

프리미티브 이미지에 정교하게 땋은 헤어스타일, 거칠고 커다랗게 부풀린 과장된 헤어
스타일 등이 알맞다.

패션 이미지 & 스타일 4 (전통성)

1. 클래식(Classic)

1) 클래식의 의미

'고상한', '유서 깊은', '권위 있는', '유행에 얽매이지 않는', '전통적인' 등의 사전적 의미를 지닌다. 비례와 균형에 의한 엄격한 폼(Form), 통일적이고 조화로운 구성, 정확하고 명석한 표현에 의한 그리스, 로마 시대의 이상적인 예술 양식을 일컬으며, 시대를 초월한 모범적이고 전형적인 가치를 갖는 스타일을 뜻한다.

2) 클래식 스타일의 특징

패션에서의 클래식은 유행에 좌우되지 않고 오랫동안 지속되는 스타일 즉, 유행을 넘어선 전통적인 스타일을 말하며 서민적이기 보다 귀족적인 이미지를 갖는다.

단정하고 우아하며 고급스러움과 절제미를 표출하는 클래식 패션의 표현적 특성은 다음과 같다.

(1) 컬러

블랙과 화이트처럼 오랜 시간 동안 많은 사람들에게 가치를 인정받은 컬러나 컬러의 조합, 귀족적이며 중후한 느낌의 중성색, 채도가 낮은 색감 등으로 표현된다.

(2) 소재

우아한 여성미를 표현할 수 있는 실크(Silk)와 울(Wool), 캐시미어(Cashmere)와 트위드(Tweed) 등의 최고급 소재가 대표적이다.

(3) 실루엣

신체의 한 부분을 지나치게 조이거나 부풀려 과장하지 않으며 자연스러운 바디라인에 따른 형태미가 중요하다.

(4) 액세서리

진주 목걸이를 비롯한 진주 소재의 주얼리, 코르사주, 리본, 장갑, 모피 소품 등이 클래식 이미지를 완성할 수 있는 액세서리이다.

(5) 헤어 & 메이크업

과장된 컬러나 짙은 눈 화장은 피하고 자연스럽고 투명한 피부 톤으로 단정한 여성미를 연출하는 것이 중요하다. 피부는 투명하고 깨끗하며 촉촉한 질감으로 표현하고, 아이브로는 기본형으로 하여 다크 브라운이나 브라운 계열로 얇지 않게 표현한다. 골드 브라운, 브라운, 와인, 카키 등의 컬러로 연출하여 은은하면서도 럭셔리한 감성을 연출하며, 치크 & 립 메이크업도 두드러지지 않도록 브라운 계열로 조화를 준다.

헤어스타일은 뒤로 깔끔하게 빗어 넘겨 목뒤로 살짝 묶은 포니테일형, 과한 웨이브가 들어가지 않고 볼륨감만 준 심플한 보브 스타일 헤어, 옆 가르마를 한 레이어드 단발 헤어스타일 등으로 우아한 여성미를 완성한다.

현대 패션에서 단정하고 우아하며 고급스러운 여성미의 클래식 스타일은 샤넬룩(Chanel Look), 크리스티앙 디올(Christian Dior)의 뉴룩(New Look), 재키 룩(Jackie Look) 이렇게 세 가지로 대변된다.

(그림 22)는 1947년 디자이너 크리스티앙 디오르가 첫 컬렉션에서 발표한 뉴룩이다. 어깨선이 자연스럽게 내려오고 허리선이 조여지며 가슴선을 부드럽게 강조한 실루엣이 돋보인다. 과잉 장식을 배제하고 소재의 특성을 살려 신체가 가진 아름다움을 자연스럽게 표현하고 있는 뉴룩은 지금까지 우아한 여성미를 대변하는 명칭으로 자리 잡고 있다.

(그림 23)은 가장자리에 트리밍을 한 카디건 스타일 재킷과 무릎길이 스커트의 샤넬 슈트로, 1차 세계대전 이후 등장해 현재까지 우아한 여성미의 대명사로 대표되는 스타일이다. 무릎길이의 이 스커트는 샤넬라인이라 불리며 보편적인 미의 기준이 되었다. 체인끈이 달린 마름모꼴 누빔의 핸드백, 앞코 부분을 다른 컬러로 매치한 구두, 진주와 금속체인 목걸이, 새틴(Satin) 리본, 카멜리아(Camellia) 코르사주는 샤넬룩을 완성하는 액세

서리 아이템들이다.

　(그림 24)는 미국의 퍼스트레이디(First Lady)였던 재클린(Jacqueline)의 사진이다. 재키룩은 1960년대 그녀가 즐겨 입었던 단정한 스타일을 말한다. 젊은 퍼스트레이디의 지적인 이미지까지 더해져 최고의 클래식 이미지를 대변하는 스타일이 되었다. 여성적인 모자와 긴 장갑, 조그만 핸드백으로 재키룩이 완성된다.

| 그림 22 | 그림 23 | 그림 24 |
| 디올의 뉴룩 | 샤넬 슈트 | 재키룩 |

2. 트래디셔널(Traditional)

1) 트래디셔널의 의미

'전통적', '전통에 근거한', '고풍스러운', '정통'이라는 뜻이며, 전통이란 오래전 과거에서부터 전해 내려오는 문화유산, 어떤 사회나 민족 혹은 문화권에서 과거에 형성되어 미래까지 영향을 끼칠 수 있는 모든 행동, 관습, 양식, 태도를 의미한다.

2) 트래디셔널 스타일의 특징

전통적, 전통이란 의미가 복식에 적용되면 각 문화권 내에서 오랜 기간을 두고 형성된 고유의 특성을 가지고 있는 옷이나 옷차림 즉, 다양한 민족의 민속복을 의미하게 된다.
　그러나 현대 패션의 이미지나 스타일에서 트래디셔널은 1910년 미국의 아이비리그(Ivy League) 학생들 의상에서 발전한 아메리칸 트래디셔널 즉, 미국의 전통복 스타일을 칭한다. 이 옷차림의 모티브 원형은 영국의 상류층 복장인 브리티시 트래디셔널(British Traditional)이므로 영국의 귀족적 관습과 전통적 감각을 기본적으로 지니고 있다. 비슷한 개념으로 아이비룩(Ivy Look), 프레피룩(Preppy Look)이 있으며 특히 남성복에 많은 영향을 주었다.

1980년대 여피(Yuppie)족의 등장으로 아메리칸 트래디셔널(American Traditional) 패션은 더욱 확장성을 갖게 되며 1990년 이후 도회적 세련미를 더한 뉴욕 트래디셔널(New York Traditional) 감각으로 발전하면서 현재까지 그 유행을 이어오고 있다.

귀족적이고 보수성이 강한 캐주얼 스타일로 기능성을 추구하는 스포티브 한 감성을 가지고 있으며 단순하고 베이직한 아이템들을 활용하며 여성미보다 지성미를 강조한다. 그 특징은 다음과 같다.

(1) 컬러와 소재

네이비와 베이지, 브라운 계열을 기본으로 화이트, 레드, 그린 컬러 등이 코디네이션 된다. 귀족적이며 차분한 전통적 감각의 컬러 조합에 트렌드 컬러를 포인트로 적용하며 면과 울, 옥스퍼드(Oxford)와 같은 기본적인 소재가 주로 사용된다.

(2) 문양

전통적인 체크 패턴의 활용이 중요하다. 빗살무늬의 헤링본(Herringbone), (그림 25)의 스코틀랜드 전통 타탄 체크(Tartan Check), 여러 개의 줄무늬가 모여 커다란 격자무늬를 이루는 글랜 체크(Glen Check), 셰퍼드 이빨 모양의 모티브가 연결된 하운드 투스 체크(Hound's tooth Check) 등 영국 신사복 패턴이 대표적이다.

그림 25 트래디셔널 문양

(3) 아이템

전통적인 블레이저 재킷, H-라인이나 A-라인 스커트, 플리츠 스커트(Pleated Skirt), 버튼다운 셔츠(Button-Down Shirt), 리본 블라우스 등을 기본으로 스타일이 구성된다. (그림 26)의 트렌치 코트

그림 26 트래디셔널 아이템

(Trench Coat)도 대표 아이템이다.

(4) 디테일

학교나 스포츠클럽의 심벌마크 혹은 문장, 엠블럼(Emblem)을 장식하는 것이 특징이다.

(5) 헤어 & 메이크업

트래디셔널 뷰티 스타일은 투명하고 고급스러운 이미지가 포인트이다. 투명한 피부 표현과 강한 아이라인이나 인위적인 표현을 배제한 코럴 브라운 컬러 계열의 아이 메이크업과 치크, 립을 통일되게 표현하여 조화로운 스타일링을 완성한다.

　헤어스타일은 커트형 단발 형태나 레이어드 된 단발 웨이브 등으로 표현하며, 페도라 햇(Fedora Hat) 등으로 포인트를 줄 수 있다.

3. 컨서버티브(Conservative)

1) 컨서버티브의 의미

'보수적인', '보존성이 강한', '조심스런', '보수주의자' 등을 의미한다.

2) 컨서버티브 스타일의 특징

패션에서 컨서버티브란 보수적이면서 소극적인 경향의 스타일로 시대의 흐름이나 유행에 따라 변하지 않는 스타일을 말한다. 컨서버티브 패션을 추구하는 사람들은 유행을 수용하는 자세가 매우 소극적이므로 새로운 스타일의 등장 초기가 아니라 많은 사람들이 유행을 받아들여 보편적 스타일이 되었을 때 수용하게 된다.

　컨서버티브 패션의 특징이 소극적이고 보수적이며 진보적이지 못하다고 하여 패션성이 없는 것이 아니다. 반듯한 옷차림과 스타일에 최고의 가치와 패션성을 부여한 것으로 그 특징을 살펴보면 다음과 같다.

(1) 컬러와 소재

블랙과 그레이, 네이비를 기본으로 화이트가 함께하며, 코디네이션이나 세퍼레이트 (Separate) 착장 방법보다 한 벌의 세트 개념이 강하다.

면과 울, 옥스퍼드지, 실크가 대표적이며 무늬가 생략된 소재를 선호한다.

(2) 아이템

무늬가 없는 베이직한 디자인의 슈트와 화이트 셔츠가 기본 아이템이나 잔잔한 꽃이나 도트(Dot), 가느다란 핀 스트라이 프(Pinstripe) 무늬의 셔츠나 블라우스를 포인트로 코디네이 션 한다.

(그림 27)과 같이 면접 시 착용하는 보수적인 네이비 슈트 나 뉴스를 진행하는 앵커의 의상을 예로 들 수 있다.

그림 27 컨서버티브 스타일

(3) 디테일

장식적 요소는 최대한 배제하고 절제하는 특징을 갖는다.

(4) 헤어 & 메이크업

클래식과 트래디셔널 이미지의 메이크업과 마찬가지로 강한 컬러감이나 짙은 아이라인 등의 표현은 어울리지 않는다. 내추럴한 피부 표현과 베이지 브라운 계열의 차분한 컬러 를 사용하여 아이브로, 아이섀도, 립 메이크업을 통일감 있게 표현한다. 전체적으로 자연 스러우면서도 단정하고 고급스럽게 연출하는 것이 좋다.

헤어스타일은 레이어(Layer)가 많지 않은 단발 헤어나 포니테일(Pony tail) 스타일이 어울리며, 헤어컬러는 브라운 컬러로 메이크업의 컬러와 조화감을 주도록 한다.

패션 이미지 & 스타일 5 (반항성)

1. 히피(Hippie)

1) 히피의 의미

1960년대부터 미국을 중심으로 일어난 한 탈사회적 행동을 하는 사람들을 일컫는 말이다.

이들은 반체제 자연 찬미 주의자로 기성의 사회통념과 제도, 가치관을 부정하고 인간성 회복, 자연으로의 귀의를 강조하였다. 또한 평화를 신봉하고 반전운동과 무정부주의를 주장했던 히피의 상징은 평화와 사랑을 의미하는 비둘기와 꽃이다.

2) 히피 스타일의 특징

히피 문화는 전통적 가치관과 경제체제를 부정하면서 공동생활의 라이프 스타일을 실천하였으며, 자연으로의 귀의를 추구하였다. 물질보다 정신적 가치를 중요하게 생각했기 때문에 낡고 지저분한 의상 착용과 신체 노출이 자연스러웠다.

사회에 대한 불만과 미래에 대한 불안적 요소로 인해 현재와 미래에 대한 관심 보다 이국적인 것과 과거에 심취해 에스닉적 표현이 성행하였으며 인디언, 아프칸, 인도풍의 에스닉 감성과 전원풍의 의상들을 착용하였다.

히피 문화의 특성을 바탕으로 한 히피 패션은 '저항정신과 문화', '자연과 인간에 대한 사랑', '에스닉 감성', '독창적인 착장법'이라는 표현적 특징을 나타낸다.

히피 패션의 스타일링 요소별 특징들을 자세히 살펴보면 다음과 같다.

(1) 컬러와 소재

사이키델릭(Psychedelic)한 그림이나 그라피티(Graffiti) 기법을 적용한 강렬한 색상대비 혹은 빈티지한 낡은 감성의 컬러와 소재로 표현된다.

자급자족의 전원생활이 반영된 의상이 기본이므로 자연섬유, 천연섬유를 선호하며 특히 손뜨개 니트와 낡은 가죽과 데님 소재 활용이 많이 나타난다.

(2) 아이템

인도 자수 장식을 수놓은 셔츠와 블라우스, 판탈롱 팬츠, 집시(Gypsy)풍 드레스, (그림 28)과 같이 인디언 스타일의 술이나 끈이 장식된 튜닉(Tunic) 스타일의 풍성한 블라우스 등이 대표 아이템이다.

내적 자유와 개인적인 히피 철학의 특성에 따라 독창적인 코디네이션 방법이 유행하였는데, 여러 가지 아이템을 겹쳐 입는 레이어드(Layered) 착장법이다.

그림 28 집시풍 블라우스

(3) 문양과 디테일

인간에 대한 이상적 표현으로 꽃을 비롯한 자연 친화적 모티브들이 주로 활용되었다. (그림 29)에서와 같이 이국적인 문양, 자수와 패치워크, 프린지(Fringy) 등의 수작업을 통한 디테일이 특징적이다.

그림 29 히피 문양과 디테일

그림 30 낡은 소재의 D.I.Y 가방

(4) 액세서리

인도나 인디언풍의 이국적인 액세서리들을 과하게 장식하거나 자연적인 소재, 혹은 (그림 30)과 같은 낡은 소재의 D.I.Y 소품을 코디네이션 해 개성을 표출하였다.

(5) 헤어 & 메이크업

히피 이미지는 컬러감을 배제하고 내추럴한 느낌을 강조한 메이크업과 히피의 밝은 감성을 연출할 수 있도록 비비드 톤의 컬러를 사용한 포인트 메이크업으로 표현할 수 있다. 내추럴한 메이크업은 누드 베이지, 베이지, 브라운 계열의 컬러로 형태가 도드라지지 않

게 음영감으로 표현하는 것이 좋으며, 컬러 포인트 메이크업
은 비비드 톤의 컬러를 악센트 컬러로 사용하여 아이나 립
에 포인트를 주는 것이 알맞다.

헤어스타일은 인위적이지 않은 자연스러운 긴 머리, 약간
의 웨이브를 넣거나 땋아 내린 머리 스타일, 혹은 저항적 감
성의 헝클어진 헤어스타일(그림 31)이 대표적이며, 인디언풍
의 헤어밴드나 두건을 착용하기도 한다.

그림 31 히피 헤어스타일

이러한 특징의 히피 패션은 그 당시 커다란 유행으로 번졌고 하이패션 중심이었던 유
행의 흐름을 스트리트 패션으로 바꿔 놓았다. 1990년대 이후 네오히피, 뉴히피 등으로
새롭게 해석되면서 트렌드로 재등장하였으며, 2010년 이후에는 1970년대를 그리워하는
레트로(Retro) 경향으로 최고의 트렌트 키워드로 부각되었다.

2. 펑크(Punk)

1) 펑크의 의미

1960년대 초 캘리포니아 북부에서 활동하던 예술가들에게 처음 붙여진 명칭으로 '보잘
것 없고 가치 없는 사람', '젊은 불량배', '허튼소리', '풋내기' 등의 뜻을 가진다. 현대에서
는 절대적인 진리나 도덕, 가치란 존재하지 않는다고 보고 기존의 사회적 개념과 의미들
은 모두 파괴할 수 있다고 하는 극단적인 사고와 입장, 이에 따른 생활 태도 등을 총체적
으로 칭한다.

2) 펑크 스타일의 특징

펑크 패션은 1976년 런던 록밴드 섹스 피스톨즈(Sex Pistols)의 무대의상으로부터 시작
되었다. 강렬한 록사운드, 사회 비판적 메시지를 지닌 가사와 함께 이들이 무대에서 즐겼
던 의상들은 영국 젊은이들을 열광시키게 되는데, 이들을 펑크스(Punks)라 지칭하게 된
다. 섹스 피스톨즈의 무대의상은 나치 문양 티셔츠, 코와 입에 꽂은 안전핀, 권위와 전통

의 상징인 영국 여왕의 사진이 프린트된 의상들이었다. 펑크족들의 패션과 행동은 런던의 킹스로드(King's Road)를 중심으로 아주 빠르게 확산되었으며 새로운 하위문화의 중심이 되었고, 패션 디자이너 비비안 웨스트우드(Vivienne Westwood)의 의상이 록 음악과 결합하면서 펑크 패션의 강렬한 이미지가 구체화되었다.

펑크족들은 스스로를 반 패션 사조로 규정하며 반항적이고 노골적인 스타일, 가난하고 낡은 이미지, 일상적이고 하찮은 것들, 더 나가서 추하고 소외된 것들을 미학의 영역에 적극적으로 수용하였으며, 자신들의 집단 정체성으로 표출하였는데 그 자세한 특징은 다음과 같다.

(1) 컬러와 소재

블랙 가죽이나 데님 소재, 금속 징 등 어둡고 차가운 감성의 컬러와 소재로 표현된다. 혹은 사이키델릭한 컬러가 더해져 강렬한 색상대비를 연출하였으며 찢기고 구멍 난 낡은 소재를 통해 추하고 가난한 이미지를 표현하였다.

(2) 아이템

펑크 패션 아이템들의 가장 커다란 특징은 기형적인 요소들, 기존의 의상들이 갖고 있지 않았던 아주 특별하고 특이한 요소들을 복잡하게 대비시키거나 융합시키는 것이다.

특징적인 아이템으로는 검정 가죽 재킷을 들 수 있는데, (그림 32)에서와 같이 검정 가죽 재킷에 금속 징을 과도하게 장식해 공격적인 강한 이미지를 만들었다.

그림 32 징 장식 가죽재킷

(3) 문양과 디테일

(그림 32), (그림 33)과 같이 금속 징이나 체인, 옷핀, 엠블럼 등을 과도하게 장식하거나, 찢기고 구멍 난 옷을 겹쳐 입는 방법으로 그들만의 특성을 나타냈으며, 사이키델릭한 그림, 그라피티 기법을 통해서 그들이 전하고 싶은 사회적 메시지를 표현하였다.

그림 33 펑크 문양과 장식

(4) 액세서리

펑크 패션의 액세서리는 아주 강렬하다. 기존 액세서리 소재와 방법에 대한 고정관념을 탈피하고 이색적인 소재들을 과도하게 활용함으로써 파괴적인 장식성을 연출하였다.

기이한 형태의 D.I.Y 소품을 무절제하게 걸치거나, 혐오스러운 소재의 장식을 통해 그들만의 독특한 이미지와 개성을 연출하는데, 지퍼와 옷핀, 금속 징, 펜던트(Pendant), 가죽 끈과 체인, 고무젖꼭지, 쓰레기 봉지 등을 활용하였다.

(5) 헤어 & 메이크업

창백한 피부 톤과 블랙 컬러를 이용한 강한 아이 메이크업이 펑크 메이크업의 대표적인 특징이다. 정형화된 형태는 없으나 일반적으로 블랙 아이섀도나 굵고 짙은 라인 표현, 아이라인의 끝을 심하게 올리거나 언더라인을 강하게 표현하여 사납고 공격적인 모습(그림 34)으로 연출하는 것이 알맞다.

그림 34 펑크 메이크업

헤어스타일도 머리카락을 꼬아서 빳빳하게 세운 스파이크(Spike) 스타일이나 양 측면을 짧게 자르고 가운데를 부채모양으로 세운 모히칸 스타일(그림 35)이 대표적이며, 헤어를 비비드 톤 컬러, 형광 컬러 등으로 강하고 공격적으로 표현한다.

이러한 펑크 패션은 과장된 금속 장식과 액세서리를 통한 장식성, 지배문화 코드에 대항하려는 문화적 저항성, 공격적인 차림새와 불결한 이미지를 통한 혐오성, 노골적인 성적 표현과 신체의 볼륨을 강조하고 드러내는 퇴폐성, 부조리에

그림 35 펑크 헤어스타일

대한 풍자와 과장과 왜곡에 의한 유희성, 기존의 미적 기준과 범주, 표현방식에서 벗어난 해체성이라는 6가지의 미적 특성을 나타낸다.

● 패션 이미지 & 스타일 6 (예술성)

1. 팝아트(Pop Art)

1) 팝아트의 의미

팝이란 'Popular'의 약자로 '대중적인', '인기 있는'이라는 뜻이며, 팝아트란 1960년대 미국에서 유행했던 미술사조로 기존의 미술 경계를 넘어선 새로운 형태의 회화 양식이다.

2) 팝아트 스타일의 특징

팝아트는 대중문화 속에 등장하는 일상의 이미지를 미술로 수용하고 전통적인 미술 창작 방법을 탈피하였는데 그 대표 작가로는 (그림 36) 행복한 눈물의 로이 리히텐슈타인(Roy Lichtenstein)과 (그림 37) 캠벨 수프 통조림, (그림 38) 여배우 마릴린 먼로(Marilyn Monroe)를 회화적으로 표현한 실크스크린 작품의 앤디 워홀(Andy Warhol)이다.

그림 36 행복한 눈물 그림 37 캠벨 수프 통조림 그림 38 마릴린 먼로

팝아트는 전통적인 회화에 사용하지 않았던 만화나 일상적인 생활 소재를 이용했으며 형태의 변형이나 왜곡 없이 기존 이미지를 그대로 차용하였다. 예술성보다 대중문화에 담겨 있는 재미와 소모성, 상징성을 강조하고 실용성을 거부하는 특징을 갖고 있다.

1960년대 영국에서 발생했으나 미국적 물질문화가 반영되면서 미국에서 성공을 거두게 된다. 팝아트의 성공은 곧 패션의 유행으로 이어졌는데, 팝아트의 특성과 상징적 요소들을 의상에 도입하였다. 팝아트 패션의 이 같은 특성들은 젊은 층을 패션리더로 흡수하면서 패션의 대중화를 이루었고 미니스커트, 핫팬츠(Hot Pants), 청바지 등 다양한 팝 스타일로 발전하였다.

팝아트는 1960년대에 등장해서 지금까지 많은 디자이너들의 디자인 원천이 되고 있으며 그 표현적 특징은 다음과 같다.

(1) 컬러와 소재

원색의 컬러 조합을 통해 팝아트의 상징적 특성을 강하게 전달한다.

팝아트의 일회적 소모성, 유희적 특성은 소재의 범위를 확대하여 탈 패브릭 현상을 가져왔다. 비닐, 플라스틱, 금속 등의 이색소재들을 도입하여 의상 디자인의 기존 질서를 파괴하였다. (그림 39)의 가방은 캔따개를 연결한 소재로 팝아트 성향을 잘 나타낸다.

그림 39 팝아트 소재의 가방

(2) 아이템

예술과 의상의 적절한 조합으로 이루어진 팝아트 아이템들은 만화나 광고같이 친근하면서 상업적인 이미지를 갖고 있다. 일회성이 강한 대중문화의 맥락에

그림 40 팝아트 드레스

서 기능적이거나 영원한 가치보다는 소비문화와 연결된 흥미 위주의 스타일을 추구한다. (그림 40)과 같이 디즈니 카툰(Disney Cartoon)이나 사회적 인물, 풍자적인 메시지가 프린트된 티셔츠와 원피스, 혹은 광고 디자인 같은 레터링(Lettering)이 장식된 아이템들이 대표적이다.

(3) 디테일

팝아트는 실크스크린(Silk-Screen), 그라피티, 콜라주(Collage) 등의 표현기법을 사용하여 대중적 이미지를 표출하였는데, 이는 메시지 티셔츠로 발전하여 환경오염, 전쟁, 공포, 기아, 갈등 등의 사회상을 고발하기도 하였다.

(4) 액세서리

장난감을 모티브로 한 액세서리 연출과 만화나 메시지가 프린트된 패션 소품, 상표 등을 응용하여 신선한 감각을 창출한다. (그림 41)의 신발은 원색적인 컬러의 만화 캐릭터가 프린트되어 팝아트적인 이미지이다.

그림 41 팝아트 스니커즈

(5) 헤어 & 메이크업

팝아트 메이크업은 밝은 톤의 메이크업이 기본을 이루지만 흥미를 유발하는 실험적이고 유희적인 스타일링이 가능하다. 즉, 보편적인 아름다움의 표현과는 무관하게 정형적인 스타일을 탈피한 스타일로 컬러 사용이나 배색 등 조화의 기준을 고려하지 않고, 자유롭고 창의적이게 컬러를 선택할 수 있다.

얼굴에 삼각형, 사각형, 원 등의 그래픽 기법들을 연출하는 등 일반적인 미의 추구 및 상식적 이미지 표현에서 탈피하여 원색끼리의 강렬한 배색 등을 통해 이목구비의 일부를 과장 또는 축소하는 방법을 활용하기도 한다.

헤어스타일 역시 형태에 있어서 자유로운 표현이 가능하며, 만화적 이미지를 차용한 유희적인 표현을 많이 연출한다. 삼각형, 사각형 등의 기하학적인 디테일들을 헤어 장식이나 형태로 활용하거나 서로 전혀 어울리지 않는 오브제를 사용하기도 한다.

2. 미니멀리즘(Minimalism)

1) 미니멀리즘의 의미

미니멀(Minimal)이란 '최소의', '극소의'라는 뜻이며, 미니멀리즘은 1960년대 후반 기존의 예술 개념을 거부하는 입장에서 출발한, 단순함과 간결함을 추구하는 문화, 예술적 흐름이다.

2) 미니멀리즘 스타일의 특징

미니멀리즘은 조형 요소를 최소화하고 단순한 기하학적 형태로 표현하는 단순성, 단색을 사용하고 규격화된 크기를 선호하는 순수성, 뚜렷한 사각형이나 입방체를 사용하는 명료성, 단순한 면이나 입방체의 반복과 연속을 통해 일정한 틀과 질서를 유지하는 반복성의 특징을 갖는다.

1960년대 중반 음악, 미술, 건축, 철학 등 다양한 분야에 나타난 미니멀리즘 현상이 복식에 영향을 주면서 미니멀리즘 패션(미니멀룩)이 등장하게 된다.

미니멀룩이란 장식과 디테일을 최대한 배제하여 심플한 라인과 색상만으로 이루어진 의상으로 미니멀리즘의 특징이 복식에 그대로 반영된 스타일을 말한다. 이러한 표현 방법은 인체의 순수성을 강조하고 기존 복식에 대한 고정관념을 탈피하게 되는데, 그 특징은 다음과 같다.

(1) 컬러와 소재

미니멀 패션의 색채 특성은 단순한 원색과 순색을 사용하여 간결하고 깔끔한 이미지를 부각시키는 것이다. 검은색, 흰색, 은색이 대표 컬러이며 이는 단순함을 잘 드러내는 특징을 가지고 있다.

소재의 특성은 직물 표면이 편편하고 단순한 재질감의 매트한 소재가 기본적으로 활용되지만 투명, 혹은 반투명 소재를 사용해 인체를 드러내기도 한다. 인체의 곡선미를 드러낼 수 있는 신축성 소재의 활용도도 높다.

2) 실루엣

미니멀 패션의 가장 커다란 특징 중 하나가 단순한 실루엣이다. 인체를 왜곡하거나 과장하지 않고 자연스러운 곡선미를 드러내는 단순한 형태의 의상들로 디자인된다. 크기, 길이, 면적, 패턴 등이 축소되고, 러플이나 플라운스, 리본 등의 장식적 디테일이 생략될 뿐만 아니라 칼라와 소매, 주머니 등 구조적 디테일도 생략된다.

(3) 아이템

미니멀룩의 대표적인 아이템이자 시초는 미니스커트이다. 1960년대의 젊고 자유로운 사회적 분위기는 미니스커트를 탄생시켰으며 이로 인해 인체를 드러내는 자유롭고 경쾌한 스타일들이 등장하게 된다.

이로 인해 각선미가 옷차림에 있어 큰 비중을 차지하게 되고, 미니 스타일로 변화하는 시대와 생활에 따른 새로운 인체의 미를 발견하게 된다. (그림 42)와 (그림 43)은 디자이너 앙드레 꾸레쥬(Andre Courrges)와 메리 퀀트(Mary Quant)가 1960년대에 각각 선보인 미니멀룩이다. 이후 미니스커트에 이어 미니드레스(Mini Dress), 핫팬츠, 쇼트 재킷(Short Jacket)과 미드리프 탑(Midriff Top) 등의 아이템들이 등장하고 유행하게 된다.

1960년대에 등장해 커다란 사회적 이슈를 가지면서 주목받았던 미니멀리즘 패션은 1990년대 중반 합리적, 실용성에 가치를 둔 새로운 트렌드로 부각되었는데, 과거 복식 형태에 새로움을 더한 독특한 조형 질서와 표현방식을 갖게 된다. 2000년대 이후 등장하는 미니멀리즘 패션은 (그림 44)와 같이 크기, 면적, 패턴의 최소화에 따른 단순한 형태와 액세서리를 배제한 최소한의 장식을 통한 간결한 이미지 표현 특성을 갖는다.

그림 42
앙드레 꾸레쥬의 미니멀룩

그림 43
메리 퀀트의 미니멀룩

그림 44
간결한 라인의 미니멀 스타일

(4) 헤어 & 메이크업

단순하고 순수한 느낌을 표현하기 위해서 최대한 컬러감을 배제하되 악센트 컬러로 포인트를 줄 수 있다. 일반적으로 피부 톤을 투명하고 깨끗하게 표현하며, 아이라인을 블랙 컬러를 사용하여 조금 긴 듯한 형태로 또렷하게 포인트를 줄 수 있다.

헤어스타일도 웨이브나 과한 장식 등은 피하고 단정하고 간결한 형태의 커트나 포니테일(Pony tail) 형으로 완성하는 것이 좋다.

그림 출처

(그림 1) 페미닌 컬러 스웨터
ⓒ Fashion Wire Press
https://commons.wikimedia.org/wiki/File:Inguna_But
ane_in_Michael_Kors_FW_08_Collection.jpg

(그림 2) 페미닌 소재 드레스
https://pxhere.com/en/photo/979931

(그림 3) 페미닌 장식 구두
https://pxhere.com/en/photo/1378641

(그림 4) 마를레네 디트리히
https://commons.wikimedia.org/wiki/File:Morocco_(fil
m)_1930._Josef_von_Sternberg,_director._Marlene_
Dietrich_with_top_hat.jpg

(그림 5) 르 스모킹 스타일
ⓒ Tiina L / https://www.flickr.com

(그림 6) 앤드로지너스 스타일
ⓒ Tammy Manet / https://www.flickr.com

(그림 7) 앤드로지너스 스타일
ⓒ Pascal Mannaerts
https://vi.wikipedia.org/wiki/Vogue_(b%C3%A0i_h%C
3%A1t_c%E1%BB%A7a_Madonna)

(그림 8) 19세기 로맨티시즘 복식
ⓒ José de Madrazo; Carlos Legrand
https://commons.wikimedia.org/wiki/File:Museo_
del_Romanticismo_-_CE4435_-_Mar%C3%ADa_Cri
stina_de_Borb%C3%B3n.jpg

(그림 9) 러플장식 로맨틱 스타일
ⓒ foeoc kannilc / https://www.flickr.com

(그림 10) 로맨틱 밀리터리 스타일
ⓒ Christopher Macsurak
https://commons.wikimedia.org/wiki/File:Andreea_Di
aconu_Ralph_Lauren.jpg

(그림 11) 스쿨걸룩
https://www.flickr.com/photos/apfelauge/44446669811

(그림 12) 미네트 스타일 원피스룩
ⓒ Pimentel94
https://en.wikipedia.org/wiki/File:Bryanna_Elkins_wal
king_the_runway.jpg

(그림 13) 미네트 스타일 원피스룩
https://commons.wikimedia.org/wiki/File:Anna_

Sui_Fall-Winter_2010_324.jpg

(그림 14) 신데렐라 이미지의 메르헨 스타일
ⓒ BagoGames
https://www.flickr.com/photos/bagogames/
16908122455

(그림 15) 영화 미녀와 야수
https://www.flickr.com/photos/my_public_domain_ph
otos/39473138960

(그림 16) 중동풍의 하렘팬츠와 술탄 스커트
https://commons.wikimedia.org/wiki/File:Paul_Poiret_
sultana_skirts_and_harem_pants_fashion,_1911.jpg

(그림 17) 인디언풍의 에스닉 스타일
https://no.wikipedia.org/wiki/Jefferson_Airplane

(그림 18) 트로피컬 문양
https://pixabay.com/illustrations/tropical-greens-
leaves-design-3809617

(그림 19) 트로피컬 액세서리
ⓒ Marco Verch Professional Photographer / https://
www.flickr.com

(그림 20) 프리미티브 컬러
https://commons.wikimedia.org/wiki/File:African_Fas
hion_in_Uganda_02.jpg

(그림 21) 프리미티브 문양
ⓒ PeterTea / https://www.flickr.com

(그림 22) 디올의 뉴룩
ⓒ shakko
https://commons.wikimedia.org/wiki/File:Christian_Di
or_(Moscow_exhibition,_2011)_26.jpg

(그림 23) 샤넬 슈트
ⓒ Titit
https://commons.wikimedia.org/wiki/File:Chanel_Hau
te_Couture_suit,_1965.jpg

(그림 24) 재키룩
https://commons.wikimedia.org/wiki/File:JKO_
606P.jpg

(그림 25) 트래디셔널 문양
https://en.wikipedia.org/wiki/Tartan#/media/File:
Three_tartans.jpg

(그림 26) 트래디셔널 아이템

ⓒ j_10suited / https://www.flickr.com

(그림 27) 컨서버티브 스타일

https://ew.com/gallery/tvs-15-hottest-men-suits

(그림 28) 집시풍 블라우스

ⓒ Capucine Moda

https://www.pexels.com/photo/beautiful-beautiful-
girl-bohemian-clothes-545634

(그림 29) 히피 문양과 디테일

ⓒ Edward O'Connor

https://commons.wikimedia.org/wiki/File:Hippie_cloth
ing_(160420528).jpg

(그림 30) 낡은 소재의 D.I.Y 가방

ⓒ Creole Sha / https://www.flickr.com

(그림 31) 히피 헤어스타일

https://www.maxpixel.net/Freedom-Glasses-Carnival-
Hippie-Harmony-Sunglasses-3146885(CC0)

(그림 32) 징 장식 가죽재킷

https://upload.wikimedia.org/wikipedia/commons/
1/1d/Punkjacket.jpg

(그림 33) 펑크 문양과 장식

ⓒ Tim Schapker

https://commons.wikimedia.org/wiki/File:Young_
punk_US-c1984.jpg

(그림 34) 펑크 메이크업

ⓒ TIGER 500 / https://www.flickr.com

https://www.flickr.com/photos/geishaboy500/
2452851440

(그림 36) 행복한 눈물

https://ko.wikipedia.org/wiki/%ED%96%89%EB%B3%
B5%ED%95%9C_%EB%88%88%EB%AC%BC

(그림 37) 켐벨 수프 통조림

https://en.wikipedia.org/wiki/Campbell%27s_Soup_
Cans

(그림 38) 마릴린 먼로

https://pixabay.com/photos/marilyn-monroe-andy-
warhol-art-1318440

(그림 39) 팝아트 소재의 가방

ⓒ Claudia Zimmer / https://www.flickr.com

(그림 40) 팝아트 드레스

ⓒ Hoboh Official / https://www.flickr.com

(그림 41) 팝아트 스니커즈

ⓒ Jelene Morris / https://www.flickr.com

(그림 42) 앙드레 꾸레쥬의 미니멀룩

ⓒ Jacqueline Barrière Courrèges

https://commons.wikimedia.org/wiki/File:Ensemble15,
_Andr%C3%A9_Courr%C3%A8ges,_1965.jpg

(그림 43) 메리 퀸트의 미니멀룩

ⓒ Jac. de Nijs / Anefo

https://commons.wikimedia.org/wiki/File:Diabolo_min
idress_at_Mary_Quant_fashion_show,_Utrecht,_24_
March_1969_crop.jpg

(그림 44) 간결한 라인의 미니멀 스타일

ⓒ Sara Cimino / https://www.flickr.com

PART 3
실무 활용

CHAPT

광고·잡지 스타일링

ER 8

● 광고 스타일링

1. 광고의 개념

광고란 기업 혹은 기업이 생산하는 제품의 정보를 소비자들에게 전달하는 것으로 소비자들의 소비심리를 자극하여 소비 욕구를 끌어내는 수단이다. 즉 소비자가 어떠한 제품과 서비스(Service)에 대해 호감과 신뢰를 가질 수 있도록 동기를 부여하고 구매 행동을 유발하는 행위이며 마케팅(Marketing) 활동의 시너지(Synergy) 효과를 창출한다.

2. 광고의 유형과 경향

현대 사회는 매스미디어(Mass Media)의 성장과 인터넷의 발달, 그리고 여기에 상업주의가 결합하면서 수많은 광고들이 만들어지고 있다. 이러한 광고의 유형은 직접광고와 간접광고로 나누어 볼 수 있다.

직접 광고란 메인 광고를 의미하는 것으로 소비자가 상업적 의도를 쉽게 알아차릴 수 있는 지면이나 영상을 통한 가장 기본적이고 일반적인 방법을 말한다.

간접광고는 상업적인 의도를 숨기고 소비자의 잠재의식 속에 무의식적으로 제품의 이미지를 각인시키는 방법이다. 기사 편집 형태나 기사와 광고가 결합한 형태의 애드버토리얼(Advertorial), 이미지 편집 형태의 필름(Film), 영화나 드라마, 게임 등에서 자연스럽게 제품을 노출시키는 방법인 PPL, 블로그(Blog), 유튜브(You Tube), 페이스북(Facebook), 인스타그램(Instagram) 등 온라인 SNS를 기반으로 제품을 노출시키는 홍보 마케팅 프로모션(Marketing Promotion) 등이 이에 속한다.

최근 한류 열풍으로 국내외에서 한국 연예인의 인기가 높아지면서 이들을 통한 다양한 홍보 마케팅 프로모션이 진행되고 있으며 이를 실행하는 전문 홍보 대행사가 늘어나고 있다. 전문 홍보 대행사는 홍보 마케팅 프로모션을 위한 기획 업무, 협찬 업무, 스타마케팅(Star Marketing) 업무 등을 수행한다.

직접 광고 위주였던 과거에 비해 현대 사회에서는 간접광고의 중요성이 부각되고 그

방법 또한 다양하게 확장되고 있다. 인터넷, 모바일, 홈쇼핑 등의 복합 유통 채널들이 등장하면서 생성된 파생 광고까지를 포함하면 현대의 광고는 무수한 형태로 진화되고 있음을 알 수 있다.

이처럼 광고 산업의 비약적인 성장과 확장으로 광고 시장은 나날이 경쟁이 치열해지고 있다. 소비자의 눈길을 끌고 욕구를 자극하기 위해서 광고에 활용되는 이미지나 텍스트들은 점점 자극적이고 세련된 경향을 지니게 되었다.

국민소득이 증가하고 삶의 질이 향상됨에 따라서 소비자의 구매 성향도 변화되었는데 과거 의식주 해결을 위한 생활필수품 위주의 구매 성향에서 개개인의 개성이나 이미지를 특화시킬 수 있는 기호 상품 구매 성향으로 변화되었다. 최근 광고는 이러한 소비자의 구매 성향에 맞춰 소비 가치에 중점을 둔 이미지나 스토리를 강조하는 형식을 많이 취하고 있다.

현재 광고 트렌드(Trend)는 텍스트(Text) 보다 이미지(Image)를 강조하는 경향이다. 과거 소비자에게 텍스트로 전달했던 메시지(Message)까지 이미지에 함축시켜서 전달하고 있다. 광고에서 이미지가 차지하는 비중이 늘어나면서 의상과 액세서리, 헤어, 메이크업까지 스타일링 요소를 조합해서 새로운 이미지를 만들어내는 패션 스타일링의 필요성과 중요성이 광고 홍보 분야에서 더욱 높아지고 있다.

3. 광고 스타일링 과정과 스타일리스트의 역할

스타일리스트는 광고 스타일링을 완성하기 위해서 광고 콘셉트(Concept) 회의, 자료조사 및 아이디어(Idea) 도출, 패션 스타일링 회의, 촬영 의상과 소품 준비, 의상 피팅(Fitting) 회의, 광고 촬영 및 제작 등 모두 6단계의 과정을 갖게 된다. 그 과정별 특징과 스타일리스트 역할을 살펴보면 다음과 같다.

1) 광고 콘셉트 회의

제작 전에 이루어지는 첫 번째 회의로 지면 광고일 경우 광고 대행사와 영상 광고일 경우 프로덕션과 함께 진행된다. 스타일리스트는 이 회의에서 기업 혹은 브랜드 클라이언트(Client)가 결정한 광고 콘셉트에 대하여 설명을 듣게 되는데 이 과정을 통해서 광고

형태와 광고 분야, 광고 목적, 광고 타깃(Target), 광고 모델(Model), 광고 예산, 광고해야
할 제품의 특성을 정확히 파악해야 한다.

2) 자료조사 및 아이디어 도출

스타일리스트는 1차 콘셉트 회의에서 이해한 광고의 목적, 광고 타깃, 광고 모델, 광고
예산, 제품의 특성에 따라 스타일링을 기획하게 된다. 적합한 트렌드 및 패션 테마, 아이
템 등을 조사하고 분석해 다음 회의에 제시해야 할 효과적인 패션 이미지와 스타일링
연출 방법을 구성하고 설계하는 아이디어 도출 과정이다.

이때 광고의 목적이 시즌 광고일 경우, 시즌 콘셉트와 테마를 표출하는 스타일링이 요
구되고 신제품을 위한 광고일 경우 신제품의 새로운 기능과 특징을 표현할 수 있는 스타
일링을 구성해야 한다.

광고 타깃의 특성 즉 성별, 연령대에 따라서 소비 심리 및 소비 가치를 반영한 스타일링
을 기획해야 하며 광고 모델 체형의 장단점을 고려해서 의상을 선택하거나 제작해야 한다.

또한 스타일링을 위해 편성된 광고예산의 적절한 배분 또한 스타일링을 진행하는 과정
에서 매우 중요하므로 가장 제작비를 절감할 수 있는 협찬, 구입, 제작의 순서로 필요한
아이템을 구성하도록 기획하는 것이 바람직하다. 좋은 결과물의 도출도 중요하지만 광고
예산 내에서 결과물이 완성되어야 하기 때문이다.

광고 스타일링에서 무엇보다 중요한 것은 제품의 특징을 잘 파악해서 이를 시각화해야
한다는 것이다. 광고의 전체적인 콘셉트에 따라서 패션성 보다는 제품의 특성을 부각하
는 스타일링이 요구될 수 있으며, 제품의 특성보다는 패션성이나 트렌드성이 강한 스타
일링이 필요한 때도 있다.

3) 패션 스타일링 회의

기업 혹은 브랜드 클라이언트는 광고 대행사(지면광고) 및 광고 프로덕션(영상광고)과 광
고 제작에 들어가기 전 패션 스타일링에 관한 회의를 갖는다.

이 회의에서 클라이언트는 대행사 및 프로덕션으로부터 광고 패션 스타일리스트가 제
시한 연출 방법에 대해 브리핑(Briefing)을 받고 연출 방법을 확정하게 된다. 이때 패션성
이 강한 제품 광고일 경우 스타일리스트가 직접 브리핑하는 경우가 있으므로 스타일리

스트에게 프레젠테이션 능력은 중요한 직무 역량 중 하나이다.

이 과정에서 스타일리스트가 제시한 연출 방법 및 착장 방법에 대해서 클라이언트가 불신하거나 불안해할 경우가 발생할 수 있으며 이런 경우 스타일리스트는 패션 전문가로서 자신이 제시한 방법에 대해 타당한 근거와 명분을 기반으로 클라이언트를 설득할 수 있어야 한다. 또한 클라이언트가 새롭게 요구하는 요소들을 적용해서 대안을 제시할 수 있는 순발력이 필요하다.

4) 촬영 의상 및 소품 준비

스타일링 회의에서 결정된 연출 방법, 착장 방법에 따라서 의상, 액세서리, 백, 슈즈, 그 밖의 패션 소품을 준비하는 과정이다.

스타일리스트는 광고 예산에 따라 협찬, 구입, 제작의 순서로 필요한 아이템을 구성하고 협찬처, 구입처, 제작처 순서로 결정된 아이템들을 준비한다.

의상과 소품을 준비하는 과정에서 광고 콘셉트와 시안에 딱 들어맞는 아이템을 발견하였으나 광고 예산을 초과하거나, 다른 촬영 예약으로 협찬이 불가능한 경우, 품절로 구입이 불가능한 경우, 긴 제작 기간이 필요해 스케줄상 제작이 불가능한 상황이 발생할 수 있다. 스타일리스트는 신속히 대체할 아이템을 선택하고 진행 과정에서 수정되는 사항들을 광고 대행사와 광고 프로덕션을 통해 클라이언트에게 전달될 수 있도록 해야 한다.

대부분의 광고 작업은 제품 출시 6개월 전에 기획되고 촬영되므로 여름에 겨울 제품을, 겨울에 여름 제품을 다루게 된다. 그러므로 계절상 촬영에 적합한 의상이나 액세서리 구입이 어려울 수 있다. 이러한 역시즌 광고에 대비해서 스타일리스트는 해외 직구업체나 해외 구매대행업체, 혹은 숨어있는 멀티숍 등을 확보해 놓아야 하며 이러한 모든 것이 불가능한 경우 기존 제품에 계절감을 적용해 리폼하여 사용할 수 있어야 한다.

5) 의상 피팅 회의

다섯 번째는 의상 피팅 회의인데, 촬영에 들어가기 전 스타일리스트는 준비된 패션 아이템들을 촬영 순서에 맞게 구분하고 완벽하게 구성한 후 클라이언트, 광고 대행사 및 광고 프로덕션, 모델과 함께 의상 피팅 회의를 진행한다.

이 과정에서 클라이언트는 지금까지 사진이나 도식화, 일러스트 등으로 보고 선택했던 광고 시안 아이템들의 실제 모습을 모델이 착용한 상태로 처음 확인하게 된다. 이 부분에서 지금까지의 회의를 통해 결정하고 진행했던 연출 방법 혹은 착장 방법에 새로운 문제점이 제기될 수도 있고, 클라이언트의 단순 변심이 나타날 수도 있으며 모델의 사이즈 문제가 발생하기도 한다. 즉흥적으로 새로운 착장 방법을 제시할 수 있는 스타일리스트의 순발력이 요구되는 중요한 순간이라고 할 수 있다. 따라서 스타일리스트는 언제나 결정된 아이템 외에 여분의 의상과 액세서리, 소품을 확보해 놓아야 하고 경우에 따라서는 현장에서 기존의 의상과 액세서리, 소품 등을 수선할 수 있는 능력을 갖추어야 한다.

6) 광고 촬영 및 제작

마지막 6단계는 촬영 과정이다. 이 과정에서 스타일리스트는 모델이 최상의 컨디션(Condition)으로 연기에 집중할 수 있도록 배려해야 하며 촬영 도중 발생할 수 있는 예상치 못한 돌발 상황에 대해 최상의 해결책을 제시할 수 있는 순발력과 철저한 책임감이 요구된다.

4. 광고 스타일링 방법

광고 스타일링을 수행하는 스타일리스트에게 가장 중요한 것은 광고하려는 브랜드의 콘셉트와 시즌테마(Season Theme), 제품의 특징을 정확하게 파악하는 일이다. 그리고 소비자들의 마음을 사로잡을 수 있도록 제품의 특징을 매력적으로 시각화하는 것이다. 스타일리스트가 어떠한 제품이나 브랜드 이미지(Brand Image)를 위한 광고 스타일링을 완성하는 방법은 크게 3가지 스텝으로 나누어서 살펴볼 수 있다.

Step 1 브랜드 콘셉트 및 제품의 특성에 대해 이해하고 3~4가지의 키워드 혹은 감성 언어로 정리하는 것이다.
Step 2 브랜드 콘셉트 및 제품의 특성에 따라 정리한 키워드와 감성 언어를 시각화하기 위해 어떤 패션 테마와 스타일로 구성할 것인가를 계획하는 것이다.
Step 3 선택된 패션 테마나 스타일을 위해 적합한 스타일링 요소들을 선택하고 조합해서 이미지 창출을 완성하는 것이다.

다음은 이러한 과정을 거쳐 완성된 광고 스타일링의 세 가지 사례이다. 모두 패션 액세서리 대표 아이템인 가방 제품을 위한 스타일링이다. 제품들은 각기 다른 브랜드로 다른 콘셉트와 이미지를 가지고 있는데, 그 특징들을 패션 스타일링으로 표현하는 방법을 살펴보면 다음과 같다.

1) 광고 스타일링 사례 1

(그림 1)은 장안대학교 스타일리스트과의 창업동아리 〈StylE-com〉의 학생들이 창업을 위해 기획하고 제작한 가방 제품이다.

Step 1 〈StylE-com〉 브랜드의 가방 콘셉트는 남다른 패션 감각을 즐기는 20대 소비자들이 쉽고 편하게 선택하고 활용할 수 있는 감각적인 디자인이다. 이 제품의 디자인 특성은 천막 천을 활용한 이색적인 소재의 선택과 상품 라벨(Label)을 모티브로 한 장식과 컬러 배합이 팝아트적인 감각을 표현하고 있다. 그러므

그림 1 〈StylE-com〉 제품

로 이 제품의 중요 키워드(Keyword)는 팝아트(Pop Art), 컬러풀(Colorful), 패셔너블(Fashionable), 컴포터블(Comfortable)로 정리된다.

Step 2 이러한 키워드를 시각화하기 위하여 광고 스타일링으로 확정된 패션 테마와 이미지, 스타일링 방향을 〈팝아트〉로 설정하였다.

그림 2 〈StylE-com〉 제품 광고 패션 화보

그림 3 〈StylE-com〉 제품 광고 패션 화보

그림 4 〈StylE-com〉 제품 광고 패션 화보

그림 5 〈StylE-com〉 제품 광고 패션 화보

Step 3 (그림 2)~(그림 5)와 같이, 제품의 블루 컬러와 보색을 이루는 옐로 컬러 의상으로 팝아트의 경쾌한 이미지를 강조하였다. 가방의 디테일 특징이 잘 표현될 수 있도록 심플한 디자인의 원피스를 선택했으며 제품이 가지고 있는 디자인 포인트와 이미지를 좀더 부각시키기 위해 종이 라벨과 택(Tag)으로 장신구를 만들어 원피스 가슴 부분에 장식했는데 학생들의 창의적인 아이디어가 감각적이고 재미있게 표현되었다.

젊고 건강하며, 편안한 매력을 연출하기 위해 내추럴한 메이크업과 헤어스타일로 스타일링을 완성하였다.

2) 광고 스타일링 사례 2

(그림 6)은 마스터 메이드 주얼리 및 가방 브랜드인 베니뮤(VENIMEUX)의 제품이다.

Step 1 베니뮤의 가방은 꾸뛰르적인 정교한 장식과 세련된 실루엣에 트렌디한 감각이 더해진 특징을 가지고 있다. 즉 고급스러운 여성미를 모던(Modern)한 감성으로 디자인한 콘셉트이다. (그림 6)의 제품은 핑크색 트위드 소재의 천으로 디자인되었고,

그림 6 베니뮤 제품

골드 금속의 핸들(Handle)과 주얼리(Jewelry) 장식으로 럭셔리한 감성과 클래식한 여성미를 표현하고 있다. 볼륨감 있는 사각형의 실루엣으로 소녀적이며 로맨틱한 감성도 함께 하고 있다. 그러므로 제품의 특징을 설명할 수 있는 키워드는 럭셔리어스(Luxurious), 클래식 & 로맨틱(Classic & Romantic), 핑키시(Pinkish)로 정리할 수 있다.

그림 7 베니뮤 제품 광고 패션 화보

그림 8 베니뮤 제품 광고 패션 화보

Step 2 이러한 키워드를 시각화하기 위하여 광고 스타일링으로 확정된 패션 테마와 이미지, 스타일링 방향을 〈로맨틱 럭셔리〉로 설정하였다.

Step 3 (그림 7)과 (그림 8)은 (그림 6)의 제품이 갖고 있는 특징들을 스타일로 완성한 사진이다. 바디 라인을 부드럽게 강조하는 피트 앤 플레어(Fit and Flare) 라인 실루엣으로 여성미를 강조할 수 있는 룩을 선택했지만, 의상의 장식적 디테일을 모두 생략한 심플한 디자인으로 가방의 디자인 특성들이 잘 표현되도록 스타일링하였다.

핑크를 주조 색으로 코디네이션해서 로맨틱한 감성을 표현하고 있지만 블랙과 대조시켜 현대적인 세련미를 잃지 않는다.

풍성한 핑크 모피 스카프(Scarf)로 계절성, 클래식하고 럭셔리한 감성을 더해 주고, 은은한 갈색 톤의 부드러운 메이크업과 자연스럽지만 깔끔한 헤어 디자인으로 모던한 이미지를 완성하고 있다.

3) 광고 스타일링 사례 3

(그림 9)와 (그림 10)은 브랜드 벨타코(Beltaco)의 제품 사진이다.

그림 9 벨타코 제품　　　　　그림 10 벨타코 제품

Step 1 브랜드 벨타코는 버려지는 폐타이어와 자동차 창문의 고무를 원단으로 재가공하여 가방으로 제작하는 특별한 콘셉트를 가지고 있다. 환경에 대한 인식과 사회현상 문제에 대한 디자인 철학을 가지고 실용성과 기능성에 초점을 둔 가방을 디자인, 제작한다.

(그림 9)와 (그림 10)에서처럼 대부분의 제품들은 검정색을 주조로 하고 있으며 장식성을 배제한 심플하고 모던한 라인을 가지고 있다. 브랜드 이미지와 콘셉트, 제품의 특성은 키워드 리사이클링(Recycling), 블랙(Black), 심플 & 모던(Simple & Modern)으로 표

현할 수 있다.

Step 2 이러한 키워드를 시각화하기 위하여 광고 스타일링으로 확정된 패션 테마와 이미지, 스타일링 방향을 환경에 관한 메시지를 전하는 〈미니멀리즘〉으로 설정하였다.

Step 3 (그림 11)~(그림 17)은 벨타코의 브랜드 콘셉트와 제품의 특성을 표현하기 위해 연출한 패션 화보 시리즈이다.

(그림 11)과 (그림 12)의 패션 화보는 환경오염으로 인한 자연의 파괴와 이에 따른 인간의 고통을 투명 비닐 소품을 통해서 표현하고 있다.

(그림 13), (그림 14), (그림 15)는 환경오염의 주범인 쓰레기를 줄이고 재활용하자는 의식의 메시지를 전달하고 있다. 커다란 쓰레기통과 라벨 테이프가 메시지를 전달하는 매개체 역할을 하고 있다.

그림 11 벨타코 제품
광고 패션 화보

그림 12 벨타코 제품
광고 패션 화보

그림 13 벨타코 제품
광고 패션 화보

그림 14 벨타코 제품
광고 패션 화보

그림 15 벨타코 제품
광고 패션 화보

214

그림 16 벨타코 제품
광고 패션 화보

그림 17 벨타코 제품
광고 패션 화보

(그림 16)과 (그림 17)의 패션 화보는 폐타이어와 고무 재활용으로 탄생한 가방 제품들이 놓여 있는데, 앞의 화보와 같이 쓰레기통과 라벨 테이프를 등장시켜 재활용이라는 특성을 설명해 주고 있다. 디자인 벨타코의 리사이클링이라는 브랜드 콘셉트와 제품의 특성을 소비자들에게 잘 이해시키는 광고 스타일링이다.

모두 화이트 셔츠형 원피스로 코디네이션 되었는데, 순백의 화이트 컬러 의상은 새것의 이미지, 깨끗함의 이미지, 순수함의 이미지, 모던한 이미지, 미니멀한 이미지 등을 함축해서 표현한다.

광고 패션 스타일링에 있어서 스타일리스트는 제품의 특성에 따른 브랜드 및 광고 콘셉트에 대한 전체적인 이해는 물론이고 모든 요소들을 조화롭게 연출할 수 있는 포괄적인 능력 등을 기반으로 패션 스타일링 연출 방법을 제시해야 한다. 기업이나 브랜드의 이미지, 인지도에 중요한 영향을 끼치는 광고의 특성상 광고 패션 스타일리스트는 철저한 책임감, 엄격한 의무감, 투철한 사명감 등이 요구되기도 한다.

● 잡지 스타일링

1. 잡지의 개념과 기능

미국의 저널리스트 프랭크 루터 모트(Frank Luther Mott)는 잡지란 "독자들에게 다양한 읽을거리를 제공해 주는 정기적으로 간행되는 제본된 팸플릿"이라고 정의하였다.

　잡지의 기능과 역할은 여러 가지이다. 다양한 내용 혹은 전문적인 지식을 대중에게 전달하는 기능, 취재 기사를 보도하고 해설하는 기능, 오락과 광고, 홍보 등의 기능을 비롯해 교육과 계몽의 기능을 가진다. 뿐만 아니라 새로운 문화를 창조하거나 서로 다른 문화를 통합하는 역할을 하기도 한다. 현대에 들어서는 특정 집단의 이익을 대변하거나 다양한 해설과 주장을 통해서 여론을 조성하는 역할도 한다. 이렇게 다양한 기능이 있는 잡지는 온라인을 통해 전 세계가 하나의 생활권으로 묶인 글로벌(Global) 시대에 적합한 콘텐츠 제공자의 역할을 수행한다고 할 수 있다.

　잡지는 거래 관행에 따라서 독자들에게 무료로 제공되는 무가지, 독자들에게 일정한 금액을 받고 판매하는 유가지로 구분할 수 있으며 발행 성격에 따라 교양잡지, 시사잡지, 전문잡지로 분류된다.

　스타일리스트의 역량이 주로 요구되는 패션 매거진(magazine)은 전문잡지로 분류할 수 있고, 우리가 쉽게 접할 수 있는 다양한 여성지는 교양잡지로 분류할 수 있다.

2. 패션 매거진

1) 패션 매거진의 개념

패션이란 일정한 시대에 상당한 수의 사람들이 의식적이거나 무의식적으로 받아들이고 따르는 취미, 기호, 생활양식이나 옷차림, 사고방식 등의 동조 현상을 말한다.

　그러므로 패션 매거진이란 일정한 시대에 상당한 수의 사람들이 받아들이거나 따르고 싶은 취미, 기호, 생활양식이나 옷차림 그리고 사고방식에 관한 다양한 내용 혹은 전문적인 지식을 취재하고 해설해서 대중에게 전달하는 정기적 간행물을 뜻한다고 할 수 있다.

과거 귀족의 전유물로만 인식되었던 패션은 산업혁명 이후 산업의 기계화에 의한 대량생산이 가능해졌다. 이에 따라서 의류의 가격이 저렴해지고 대중에게도 널리 보급되기 시작하였다. 단순히 입기 위한 의복에서 자신을 표현하기 위한 도구로 대중에게 받아들여지기 시작하였다. 이러한 상황과 맞물려 패션잡지는 패션의 대중화를 이루어내는 일등공신의 역할을 수행하게 된다.

매 시즌마다 전 세계적으로 다양한 컬렉션들이 열리는데, 그 중 패션의 중심지인 밀라노, 파리, 뉴욕, 런던의 4대 컬렉션은 패션 산업과 관련된 전문인 혹은 패션을 즐기는 사람들에게 많은 관심과 주목을 받게 되는데, 새로운 패션 트렌드들이 여기서 만들어지기 때문이다.

새롭게 등장한 패션 트렌드는 여론을 조성할 수 있는 기능과 힘을 가진 세계화된 패션 매거진을 통해서 대중에게 전달된다. 즉 새로운 패션 문화를 형성해 발전시키는 역할을 하게 되는 것이다. 따라서 패션 매거진은 패션 저널리즘의 대표적 매체라고 할 수 있다.

2) 패션 매거진의 특성

패션 매거진에서 패션 정보를 독자들에게 전달하는 방식은 크게 두 가지로 설명할 수 있다.

첫 번째는, 문자 정보에 의한 언어적 요소들이다. 보도기사, 해설기사, 르포(Reportage), 논평, 인터뷰(Interview), 가십(Gossip), 칼럼(Column) 등의 기록으로 대중과 소통한다.

두 번째는, 시각정보이다. 패션 매거진은 시즌별로 등장하는 새로운 패션 디자인과 라이프 스타일(Life Style)의 변화 등을 독자들에게 직접적으로 보여주기 위한 시각정보가 필수적이다. 패션 매거진이 타 잡지와 확연하게 구분되는 특징이 바로 시각정보의 비중이 많고 강하다는 점이다.

따라서 패션 매거진은 시각적 커뮤니케이션(Communication)의 주요한 수단으로 (그림 18)~(그림 20)과 같이 사진, 일러스트(Illust), 타이포그라피(Typography) 등을 사용하고 있다.

217

그림 18 패션사진

그림 19 일러스트

그림 20 타이포그라피

패션 매거진에서 독자는 패션 화보를 통해 패션 트렌드에 관한 정보, 패션시장에 관한 정보, 패션 연출에 관한 정보들을 획득하게 된다. 그러므로 패션 화보가 독자들에게 주는 영향력은 매우 크고 패션 매거진에서 패션 화보는 매우 중요한 정보 전달 수단이며 커뮤니케이션 방법이다.

독자에게 감각적인 충격을 줄 수 있는 한 장의 패션 화보는 문자보다 더 빠르고 정확한 커뮤니케이션 효과를 유도할 수 있다. 독자는 문자 정보에서 얻지 못하는 감각적인 시각정보를 화보를 통해서 얻게 되기 때문이다. 각 패션 매거진들이 좀 더 창의적이고 감각적인 패션 이미지 창출에 힘을 쏟는 것도 바로 이와 같은 이유이다.

패션 매거진의 패션 기사는 패션 화보, 즉 패션 사진이나 일러스트가 주 정보 수단이 될 수 있고, 이 점이 패션 매거진이 타 잡지와 비교해 볼 때 가장 큰 차이점이며 특징이라고 할 수 있다. 화보를 기사의 보조 수단으로 사용하는 것이 아니라 주체적인 목적을 가지고 지면을 구성한다는 점에서 일반 잡지의 화보와 차이를 보인다. 그러므로 패션 매거진의 화보 연출에서 전문적이고 창의적인 스타일리스트 역할은 매우 중요하다.

3) 패션 매거진의 변화와 경향

국내에서 '스타일링'이라는 용어가 생기고 패션연출 전문가가 등장한 것은 1984년부터 1993년까지 발간된 국내 패션 전문지인 월간 〈멋〉이 출간되면서부터이다. 초기에는 잡지에서 패션 코디네이션, 패션 코디네이터라는 용어가 사용되기 시작하였다. 그 후 패션산업과 매스미디어의 발달에 힘입어 다양한 성격의 패션 정보를 제공하는 패션 라이선스(Licence) 잡지들이 국내 시장에 유입되면서 스타일링, 스타일리스트라는 용어가 사용되고 있다.

국내 패션 관련 매거진은 해외에 창간되어 국내에서 발간되는 라이선스 매거진과 국내에서 창간되고 발간되는 로컬(Local)지로 구분할 수 있다. 대표적인 라이선스 매거진으로는 보그(Vogue), 엘르(Elle), 바자(Bazaar), 마리끌레르(Marie Claire), W 등을 이야기할 수 있고, 여성중앙, 레이디 경향, 우먼센스, 인스타일(Instyle)과 같은 여성지가 로컬지를 대표한다. 또한 상류층을 타깃으로 패션과 라이프 스타일을 다루는 노블레스(Noblesse), 럭셔리(Luxury) 등의 무가지도 한 부류로 구분할 수 있다.

이처럼 1990년대 이후 국내 패션 관련 매거진의 시장이 확대되고 다양화되면서 강렬한 시각적 커뮤니케이션을 주도하는 패션 관련 매거진에서의 스타일링과 스타일리스트의 역할은 과거보다 매우 중요해졌다.

또한 디지털(Digital)화, 글로벌화에 따라 다양한 시각 매체들이 등장함으로써 잡지는 점점 읽는 잡지에서 보는 잡지로 변화되고 있다. 이러한 변화와 경향은 비주얼(Visual)을 강조하는 패션 관련 매체에만 국한된 것이 아니라 모든 매체에 적용된다. 즉 모든 종류의 매체에서 시각적 비주얼 커뮤니케이션이 중요하게 되었다. 잡지의 형식이 읽는 것에서 보는 것으로 비주얼 특성을 강조하는 방향으로 변화되고 있다.

4) 패션 매거진의 내용과 구성

2000년대 들어서면서 패션 라이선스 잡지들이 패션과 뷰티(Beauty) 관련 기사뿐만 아니라 리빙(Living), 여행, 성, 직장생활 등 현대인의 일상 전반에 걸친 라이프 스타일 기사들로 그 내용을 확대해 나가고 있다.

이는 패션과 뷰티 콘텐츠뿐만 아니라 독자들의 일상에서 실제 발생되거나 요구되는 것에 대한 필요 정보를 잘 제공함으로써 독자와 광고주의 호응을 얻기 위해서이다. 그리고 이에 따른 판매 부수와 광고수익이 높아지기 때문이다. 이처럼 패션 매거진들의 라이프 스타일에 대한 관심과 내용이 확장됨에 따라서 스타일링의 영역 또한 넓어지고 있다.

현재 패션 관련 매거진들의 내용과 섹션 구성을 살펴보면, 각 매체별로 약간씩의 차이는 보이지만 패션, 뷰티, 리빙, 스타(Star) & 엔터테인먼트(Entertainment), 헬스(Health) & 다이어트(Diet), 뉴스(News) & 제너럴 이슈(General Issue)의 순으로 다양하게 다뤄지고 있다.

그러나 패션 매거진이 패션과 뷰티 관련 콘텐츠를 넘어서서 리빙을 비롯해 모든 섹션

(Section)을 구성하고 바라보는 시각에서도 패션적인 시각을 놓치지 않고 있다. 즉 비주얼 감각이 뛰어난 화보를 제공하려고 노력한다는 것이다.

3. 패션 매거진과 패션 화보

1) 패션 화보의 형식

패션 매거진은 시즌별로 쏟아지는 새로운 패션 디자인과 관련 상품, 라이프 스타일의 변화 등에 대한 정보를 다음과 같은 형식과 방법들을 통해서 독자들에게 전달하고 있다.

첫 번째는 (그림 21), (그림 22), (그림 23)의 사례와 같이 패션 화보를 통한 비주얼 이미지 위주의 시각적 전달 방법이다. 글이 배제되고 패션 이미지 화보가 중심이기 때문에 완벽한 시각적 감흥 전달이 가능한 방법이다. 언어적 전달 요소는 화보 끝부분에 캡션(Caption)이 전부이며, 캡션을 통해서 상품의 특징과 스타일 방법에 대한 약간의 정보를 제공해 주고 있다. 그러므로 이미지 창출에 있어 완벽한 스타일링이 요구된다. 스타일리스트는 스타일링 요소 하나하나에 관심을 기울여야 하며, 특히 배경이나 로케이션 장소의 중요성이 크게 부각되는 방식이다. 이러한 패션 화보를 만들어내기 위해서는 포토그래퍼(Photographer)뿐만 아니라 헤어, 메이크업, 세트 디자이너(Set Designer)와의 협의를 통해 충분한 사전 준비가 필요하다.

그림 21 이미지 위주의 시각적 전달 방법　　그림 22 이미지 위주의 시각적 전달 방법　　그림 23 이미지 위주의 시각적 전달 방법

(그림 24)~(그림 27)의 사례는 매거진의 뷰티 섹션을 위한 비주얼 이미지 위주의 뷰티 화보이다. 뷰티 화보의 특성상 메이크업과 헤어를 중심으로 촬영되지만, 비주얼적인 면에서 패션성을 충분히 표현하고 있다. 얼굴을 위한 클로즈업 촬영 방법이므로 스타일리스트는 완벽한 비주얼을 위해서 아주 섬세한 부분까지 신경을 써야한다.

그림 24 이미지 위주의 시각적 전달 방법

그림 25 이미지 위주의 시각적 전달 방법

그림 26 이미지 위주의 시각적 전달 방법

그림 27 이미지 위주의 시각적 전달 방법

두 번째는 시각적 요소와 언어적 요소가 함께하는 형식이다. (그림 28)과 (그림 29)의 사례와 같이 이슈(Issue)가 되는 패션 트렌드를 설명하거나, 이슈 인물을 취재하고 패션 스타일과 함께 연결할 때 주로 선택되는 방법이다. 비주얼이 강조된 완벽한 이미지 창출을 위해 스타일리스트의 역량이, 그리고 감각적인 글을 위해 에디터의 역량이 함께 요구되는 형식이다.

그림 28 시각적, 언어적 요소가 함께하는 형식

그림 29 시각적, 언어적 요소가 함께하는 형식

세 번째는 (그림 30), (그림 31)과 같이 작지만 많은 수의 사진과 그에 관한 짧은 글들로 다양한 정보를 제공하는 형식이다.

221

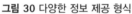

그림 30 다양한 정보 제공 형식   그림 31 다양한 정보 제공 형식

2) 패션 화보의 특성

패션 매거진의 패션 화보는 각 페이지마다 전달하고자 하는 패션 테마 및 스타일의 내용을 독자들이 흥미롭게 받아들이게 한다. 그리고 독자들은 이를 통해서 패션 트렌드나 코디네이션 정보를 얻게 되고 이를 바탕으로 새로운 자기 연출법을 시도할 수 있게 된다.

또한 패션 화보에 실린 패션 상품에 대한 간략한 설명과 시각적 자극을 통해 상품의 정보를 전달하게 되므로 해당 브랜드나 상품의 간접 홍보 역할을 충분히 해내기도 한다.

다시 말하면 패션 매거진의 패션 화보를 통해 독자는 패션 트렌드와 시장에 관한 정보, 패션 스타일링에 관한 정보를 획득한다.

그러므로 패션 매거진에서의 스타일리스트는 이러한 정보들을 제공할 수 있는 능력이 필요하다. 즉, 패션에 관한 전문적인 지식을 바탕으로 시즌마다 변화하는 제품 시장 동향에 대한 파악은 물론이고, 트렌드 정보 수집과 분석 능력, 이를 적용한 창의적인 스타일링 능력이 요구된다.

패션 매거진 스타일링 분야는 상업성을 배제한 비영리적 특성이 있으므로 광고 분야처럼 특정한 기업 및 브랜드 제품을 노출해야 하는 부담이 없다. 그러므로 모델과 포토그래퍼, 헤어 & 메이크업팀, 세트 & 소품 디자이너 등과 좋은 팀워크(Team Work)를 발휘한다면 최고의 이미지와 패션 화보를 창출할 수 있는 것이 강점이다.

3) 패션 화보 제작 과정과 방법

스타일리스트가 매거진을 위한 패션 화보를 만들어가는 과정은 편집회의 단계, 아이디어 도출 단계, 패션 아이템 계획 및 조합 단계, 모델 선정 단계, 헤어 & 메이크업 디자인 및 제시 단계, 장소 헌팅 단계, 촬영 단계, 사진 셀렉 및 보정 단계로 나누어서 설명할 수 있는데, 그 과정별 특징은 다음과 같다.

(1) 편집회의 과정

편집회의 과정에서는 패션 테마를 확정하는 단계이다. 다음 호를 위한 신간 패션 매거진의 제작은 편집부원들이 함께하는 편집회의 혹은 기획회의부터 시작된다.

각 매체의 편집장을 중심으로 편집부원들은 각자가 맡아서 진행하고 있는 칼럼이나 기사, 패션 화보 등을 위해서 편집회의 전에 충분한 시장조사 시간을 갖는다. 현재 가장 유행하고 있는 트렌드, 독자들의 관심거리와 분야, 이슈가 되고 있는 인물과 상품 등을 조사하고, 본인이 진행하는 패션 화보나 칼럼, 기사 등에 접목시킨 구상과 기획안을 함께 토론하고 조정한다.

즉 패션의 경향과 계절적 특성 그리고 이슈가 되어 독자들의 흥미를 자극할 만한 테마들을 확정해서 어떤 방향으로 제작해 나갈지를 결정하는 과정이다.

(2) 아이디어 도출 과정

편집회의 과정에서 확정된 테마는 각 편집부원들 즉, 에디터들의 패션 화보에 적용하게 되는데 이 과정에서부터 전문 스타일리스트를 영입하고 협업하게 된다.

스타일리스트는 이 과정에서 에디터로부터 제작하게 될 패션 화보의 테마와 제작 방향 및 특성들을 듣고 잘 이해해야 하며, 이를 바탕으로 새로운 패션 화보의 세부적인 콘셉트와 패션 테마 그리고 스타일링의 방법 등을 확정한다.

이때 스타일리스트는 확보하고 있는 패션 트렌드 정보, 시장과 브랜드의 상품 동향 그리고 패션 관련 전문 지식 등을 바탕으로 패션 화보의 감각적인 주제와 연출 방향을 제시해야 한다.

(3) 패션 아이템 계획 및 조합 과정

패션 아이템을 계획하고 조합하는 과정에서 스타일리스트는 결정된 패션테마와 연출방향 그리고 스토리의 기승전결에 의해서 신(Scene)별, 혹은 페이지별로 패션 아이템들을 계획하고 조합하게 된다.

이 과정에서 가장 중요한 점은 설정된 패션 테마의 의미와 표현적 특성들을 다양한 경로의 자료조사를 통해 분석하고 이해하는 것이다. 또한 화보가 실릴 매거진의 콘셉트와 성격을 정확히 파악해 설정된 패션 테마의 특징들과 어떻게 연결하고 표현할 것인가를 결정한다.

그러므로 스타일리스트는 패션에 관련된 전문 지식뿐만 아니라 영화, 음악, 예술들을 비롯한 다양한 분야의 문화적 경향을 알고 있어야 하며 이를 패션 트렌드와 연결시킬 수 있는 능력이 필요하다.

스타일링을 계획할 때는 유행의 경향을 적용하고 창의적인 코디네이션 방법을 통해 콘셉트에 맞는 룩을 만들어야 하며 매거진 주요 타깃의 연령대, 트렌드를 받아들이는 정도 등을 감안해서 스타일을 완성하게 된다.

예를 들어 독자의 연령대가 10대 후반에서 20대 초반일 경우 아직 경제적 독립이 이루어지지 않았으므로 고가의 의상이나 액세서리의 브랜드로 스타일링 된다면 독자들의 공감을 얻지 못하는 패션 화보가 될 수 있다. 합리적인 가격대의 패션 아이템들로 트렌디한 감각을 적극적으로 대담하게 도입해서 스타일링하는 것이 효과적이다. 반대로 경제적 독립이 완전히 이루어진 30대 후반 혹은 40대를 위한 패션 화보 스타일링일 경우 고가 브랜드의 아이템들을 활용한 스타일링도 가능하나 유행 경향을 적극적으로 적용할 경우 역효과를 가져올 수 있다. 20대 중, 후반 30대 초, 중반을 타깃으로 하는 경우는 적당한 경제적 안정성을 이루고 있고 신체적인 조건도 가장 아름다운 시기이므로 앞서 이야기한 두 경우보다 스타일링 조건이 좋다고 할 수 있다.

스타일링을 계획하는 과정에서 또 한 가지 중요한 점은 계절적 감각에 대한 인식이다. 대부분의 패션 매거진들은 한 달 간격으로 출간되는 월간지이므로 그 달의 특징이나 계절적 특성을 최대한 잘 표현해야 한다. 스타일링을 위한 패션 아이템 선정 시 그 시즌의 신상품을 위주로 연출하는 것이 중요하며 지난 달 다른 매거진에서 다루었던 제품을 등장시키는 일은 최대한 지양하도록 한다.

스타일리스트는 패션 연출에 적합한 패션 제품들을 선택하기 위해서 시장조사가 필요하고, 원하는 아이템이 어떤 브랜드에서 제작되어 판매되고 있으며, 그 브랜드의 홍보를 대행하고 있는 업체가 어느 곳인지를 확인해 두어야 한다.

이미지 연출을 위해 필요한 아이템을 보유한 브랜드 리스트가 확정되면 홍보 대행사

를 통해서 희망하는 브랜드 아이템의 협찬을 의뢰하게 된다. 이 과정에서 스타일리스트
는 홍보 대행사에게 협찬된 제품들이 등장할 매체, 패션 화보의 콘셉트와 특징을 잘 설
명하고 협찬을 받게 된다.

간혹 협찬이 거절되는 경우가 발생할 수 있고, 다른 매체에 협찬이 예약되어서 사용할
수 없는 경우가 발생하기도 한다. 이런 경우들을 대비해 차선책의 다른 아이템과 홍보
대행사가 준비되어 있어야 한다.

패션 화보의 전반적인 스토리 흐름과 씬별 이미지 연출에 필요한 아이템들이 협찬 과
정을 거쳐 모두 수거되고 준비되었다면, 그동안 기획했던 이미지 창출을 위해 의상 아이
템들을 먼저 조합하고 의상 아이템 및 룩에 따라 액세서리와 패션 소품을 코디네이션하
여 계획했던 착장들을 완성한다. 이 과정에서 스타일 착장법에 수정이 필요할 수 있으므
로 여유분의 협찬 의상도 준비해 둘 필요가 있다.

(4) 모델 선정 과정

스타일리스트는 원하는 패션 이미지 창출을 위해 가장 효과적인 모델을 캐스팅해야 한
다. 모델 캐스팅 과정에서 중요한 점은 모델의 마스크와 이미지 등이 연출하고자 하는
패션 스타일이나 테마의 특징을 잘 표현할 수 있는지를 확인하는 것이다.

모델의 생김새라 함은 얼굴만을 이야기하지 않는다. 키나 골격에 따른 바디의 실루엣
이 가녀린 라인으로 소녀의 청순함을 표현할 수도 있고, 글래머러스한 여성의 섹시미를,
혹은 남성적이거나 중성적인 매력을 가지고 있다. 이런 모델 외형의 특성을 잘 읽어내서
패션테마나 스타일을 적용할 때 몇 배의 효과를 만들어 낼 수 있다. 서양 모델을 선정할
경우 피부톤, 머리카락, 눈동자의 컬러도 중요한 스타일링 요소로 작용할 수 있다.

모델 선정에 있어 모델의 생김새뿐만 아니라 모델의 신체 사이즈 확인도 중요하다. 스
타일리스트가 다루는 의상들은 대부분 기본 사이즈이므로 모델들은 기본 사이즈의 의
상을 소화하기 위해 몸매를 만들고 유지한다. 그러나 간혹 뷔스띠에(Bustier)나 블레이저
탑(Blazer Top)과 같은 아이템을 활용할 경우, 의상과 모델의 정확한 사이즈를 확인할
필요가 있으며 때에 따라서는 사전에 피팅 과정을 진행하기도 한다. 특히 모델의 신발
사이즈 체크는 필수이다. 모델들은 대부분 키가 큰 편이기 때문에 발 사이즈 또한 큰 경
우가 많으나 협찬사의 촬영용 구두나 기성화는 사이즈가 한정되어 있으므로 확인이 필
요하다.

마지막으로 모델의 연기 및 의상 연출능력을 확인해야 한다. 모델의 경력에 따라 옷을

이해하거나 연출하는 능력에 차이가 있으므로 필수적으로 체크해야 한다.

스타일리스트의 모델 선정은 과거 함께 작업한 경험을 가진 모델이나, 배우와의 개인적인 친분으로 연결될 경우도 간혹 있지만 대부분 모델 소속 에이젠시를 통해 이루어진다. 그러므로 스타일리스트는 전문 모델 에이전시(Agency)들과 그에 소속되어 있는 모델 리스트(List)에 대한 데이터(Data)도 가지고 있어야 한다.

(5) 헤어 & 메이크업 디자인 과정

스타일리스트는 확정된 의상 착장법과 룩에 따라 원하는 이미지를 완성할 수 있는 헤어와 메이크업을 디자인하고 전문가에게 제시하게 된다. 전문가와의 협의, 조언을 통해 보다 효과적인 스타일을 확정하게 된다.

스타일리스트는 원하는 이미지를 창출하고 패션 화보의 완성도를 높이기 위해, 촬영전 모델의 머리 길이나 피부 상태를 파악해야 한다. 즉 원하는 스타일 연출이 가능한지를 살펴보고 그렇지 않다면 디자인을 수정하거나 가발이나 부분가발 등을 준비하도록 한다. 특별한 디자인의 헤어, 메이크업 스타일이 요구될 경우 전문가와의 협의를 통해 촬영 전 미리 제작해 두어야 한다.

(6) 장소 헌팅 과정

패션 화보의 배경과 공간은 비주얼 특성이 강한 패션 화보일수록 스타일리스트를 고민하게 만드는 연출 요소이다. 제작 예산과 연출 만족도 사이에서 합의점을 찾아야 하기 때문이다.

패션 화보의 촬영 공간이나 장소는 실내 스튜디오에서 세트를 제작하거나 소품을 활용해서 촬영하는 방법과 실외에서 자연이나 건축물 등을 배경으로 촬영하는 방법으로 나누어서 생각해볼 수 있다.

스타일리스트는 촬영 신(Scene)이나 착장에 따라 합당한 장소를 미리 콘티(Conti)로 제시해 포토그래퍼와 상의하게 되는데, 스타일리스트가 연출하고자 하는 패션 테마의 특징이나 최종 이미지를 포토그래퍼에게 충분히 인식시키고 사전협의를 통해 공간을 선택해야 한다. 비중이 있는 패션 화보 촬영의 경우 포토그래퍼나 스타일리스트에 의해 장소 헌팅을 위한 사전답사가 이루어지는 경우도 있다.

(7) 촬영 과정

① 촬영준비

촬영에 들어가기 전 스타일리스트는 연출해야 할 착장들의 촬영 순서를 확정하게 되는데, 촬영을 순조롭게 진행하기 위해 합리적인 촬영 순서가 필수적으로 요구된다.

야외 촬영일 경우 분장실과 촬영지의 이동 거리를 감안해서 순서를 확정하고, 이동 거리가 단거리이거나 스튜디오 한 곳에서 촬영이 이루어질 때는 메이크업, 혹은 헤어 연출이 편안하거나 수월한 착장부터 촬영 순서를 정하는 것이 합리적이다. 합리적인 촬영 순서와 이에 따른 순조로운 진행은 모델이나 스태프(Staff)들의 컨디션에 영향을 미치게 되므로 원하는 이미지 창출이 용이할 수 있다.

촬영 순서가 정해졌다면, 촬영 시안 및 콘티를 순서별로 정리하고 부착하여 모든 스텝들이 공유할 수 있도록 한다. 각 분야의 스텝들에게 촬영 콘셉트 및 패션 스타일의 특성, 일정, 타임 스케줄(Time Schedule) 등 전체적인 진행 방법과 순서를 공지하여 촬영에 차질이 없도록 한다.

스타일리스트는 촬영 순서에 따라 의상들을 정리하고 착장을 확인한다. 다림질이나 바느질이 필요한 의상들을 손질하고 의상과 코디네이션될 소품이나 액세서리 등은 착용에 문제가 없는지를 확인하고 준비해 둔다. 착장에 따라 디자인된 헤어, 메이크업 시안을 정리하고 헤어, 메이크업 스텝과 마지막 확인과정을 갖는다.

② 촬영

촬영이 진행되는 동안 스타일리스트는 여러가지 상황들을 놓치지 않고 신경써야 한다. 먼저 매 착장마다 의상의 디자인 포인트 혹은 스타일링의 특징 등을 모델과 포토그래퍼에게 설명하고 이해시켜 모델은 그에 맞는 연기와 포즈를, 포토그래퍼는 정확한 순간을 잘 잡아낼 수 있도록 유도해야 한다.

스타일리스트는 촬영 중 포토그래퍼 바로 옆이나 뒤에 위치해 포토그래퍼와 거의 같은 위치에서 모델을 관찰해야 하는데, 그 이유는 카메라 시점에서 착용 중 착장에 문제가 생기면 이를 바로 수정해야 하기 때문이다. 의상의 문제뿐만 아니라 모델이 연기하는 동안 헤어스타일이 흐트러지거나 메이크업이 번지는 등의 문제가 발생할 수 있는데 이를 발견하고 수정을 요청해야 한다. 그러나 이 과정에서 스타일리스트의 잦은 수정 요청은 모델의 연기, 포토그래퍼의 촬영 흐름을 깨뜨릴 수 있으므로 주의가 필요하다.

패션 화보 촬영 경험이 많은 모델과 작업할 경우 원하는 이미지 창출이 수월할 수 있지만 간혹 경험이 부족한 모델과 작업이 이루어질 때가 있다.

스타일리스트는 모델이 긴장하지 않고 최선의 연기력을 발휘할 수 있도록 분위기를 유도해 주어야 하며, 모델 컨디션에 문제가 있는지를 세밀하게 살펴 배려하는 것도 현장에서의 스타일리스트 역할 중 하나이다.

촬영 중 모델은 여러 벌의 옷을 갈아입게 되는데, 이는 모델에게 연기 못지않게 체력을 소모하는 일이다. 그러므로 모델의 탈의와 착의 과정이 최대한 수월하고 편하게 이루어질 수 있도록 배려해야 한다. 연기하는 모델의 컨디션이 최상일 때 스타일리스트가 원하는 최고의 패션 이미지 창출이 가능해질 수 있기 때문이다.

스타일리스트가 만들어 내고자 하는 패션 이미지를 최종적으로 담아내는 사람은 포토그래퍼이므로 포토그래퍼와 스타일리스트의 소통은 무엇보다도 중요하다. 스타일리스트와 포토그래퍼는 충분한 협의 후 촬영에 임하지만, 촬영 시 스타일리스트 관점에서 원하는 이미지가 연출되지 않았다면 그 이유를 설명하고 연출되도록 해야 하며 패션 스타일에 따라 극적인 사진 연출이 가능한 바람이나 스모그와 같은 효과 사용을 제안할 수도 있다.

촬영현장에서 헤어 & 메이크업 스텝은 패션 화보 콘셉트나 착장에 따라 여러 번 다른 스타일을 바꾸어 시술하게 되는 경우가 있다. 이는 대부분 정교한 손놀림과 많은 시간이 요구되는 작업이므로 시간을 효과적으로 활용하고 진행하기 위한 협의가 필요하다.

간혹 계획된 시안이 캐스팅된 모델에게 적합하지 않은 경우가 발생할 수 있으므로 차선책의 헤어 & 메이크업 시안을 준비해 두어야 하며, 스타일리스트는 헤어 & 메이크업이 시술되는 동안 계획된 이미지가 잘 완성되는지를 확인하도록 한다.

(8) 사진 셀렉 및 보정 과정

촬영현장에서는 스타일링이 이루어진 착장마다 원하는 이미지가 표현되는 순간까지는 많은 컷(Cut)들이 만들어진다. 필름을 사용하던 아날로그(Analogue) 사진 작업에서 디지털 사진 작업으로 넘어오면서 촬영 컷의 수는 더욱 많아지고 있는데, 제작비에서 자유로워졌기 때문이라고 할 수 있다. 촬영된 많은 컷 중에서 베스트(Best) 컷을 찾아내는 작업은 패션 사진을 보고 읽어내는 다년간의 경험이 필요하므로 쉽지 않다.

패션 화보에서 베스트 컷을 하나로 정의할 수는 없다. 패션 매거진에서 표현하려는 트렌드의 특징, 패션 테마 혹은 스타일 표현방법 등에 따라 달라질 수 있기 때문이다. 때에 따라서는 힘 있고 강렬한 감성이, 때로는 차분하지만 차갑게 표현된 사진이 매력적으로 느껴질 수 있다.

매거진 패션 화보를 위해 촬영한 컷들 중 몇 개의 유효 컷들은 패션 에디터(Editor)와 스타일리스트, 포토그래퍼가 함께 고르고 보정 과정을 거친다. 그리고 유효 컷들 중 매거진에 실리게 될 최종 컷은 편집장에 의해 확정된다.

유효 컷을 고르는 과정에서 중요한 포인트가 되는 것은 경우에 따라 달라질 수 있는데, 패션 화보의 콘셉트와 이미지, 스타일에 따라 전체적인 이미지 컷이 요구될 때도 있고, 의상의 디테일이 돋보여야 효과적일 수도 있다. 컬러나 문양, 실루엣이 주제가 될 경우도 있으며 메이크업이나 액세서리가 중심이 될 때도 있다.

각 주제가 잘 표현되고, 여기에 모델의 포즈나 눈빛 등의 연기력, 헤어 & 메이크업의 상태 등 모든 조건들이 완벽한 컷을 선택하게 된다.

선택된 컷들은 컴퓨터 프로그램을 활용해 보정 작업을 거치게 된다. 전체적인 톤을 조절해 사진의 깊이감을 변화시키기도 하고, 모델의 프로포션(Proportion) 즉, 비율을 조정해 키, 얼굴 크기, 목이나 팔다리의 굵기 등 신체적 단점을 커버한다. 또한 점이나 상처, 잡티 등을 제거해 모델의 피부를 깨끗하고 매끄럽게 연출하는 효과를 더하기도 한다.

의상의 문제점도 약간의 보정이 가능하다. 미처 손보지 못한 구김이나 얼룩을 삭제하거나 스타일의 포인트가 되는 셔링이나 주름 등을 조금 더 풍성하게 할 수 있다. 필요에 따라서 가는 허리와 넓은 어깨를 좀 더 강조한 실루엣으로 보정해 패션 이미지를 극대화할 수 있다.

이처럼 스타일리스트는 매거진에서 요구하는 기획된 콘셉트 아래 시즌마다 새롭게 바뀌는 패션 트렌드 정보를 토대로 다양한 패션 이미지 창작물을 구상하여 시각화시키는 작업을 주도한다.

촬영현장에서 스타일리스트는 이미지 창출을 위한 철저한 책임감, 의무감, 투철한 프로정신을 기반으로 에디터, 포토그래퍼, 모델, 헤어 메이크업 전문가, 소품이나 세트 디자이너 등 다양한 분야의 전문가들과 협업을 통해 패션 화보의 이미지를 창출해 낸다.

그림 출처

(그림 1) 〈StylE-com〉 제품
장안대학교 스타일리스트과 창업동아리 〈StylE-com〉 촬영
    자료 (사진: 김두영)

(그림 2) 〈StylE-com〉 제품 광고 패션 화보
장안대학교 스타일리스트과 창업동아리 〈StylE-com〉 촬영
    자료 (사진: 김두영)

(그림 3) 〈StylE-com〉 제품 광고 패션 화보
장안대학교 스타일리스트과 창업동아리 〈StylE-com〉 촬영
    자료 (사진: 김두영)

(그림 4) 〈StylE-com〉 제품 광고 패션 화보
장안대학교 스타일리스트과 창업동아리 〈StylE-com〉 촬영
    자료 (사진: 김두영)

(그림 5) 〈StylE-com〉 제품 광고 패션 화보
장안대학교 스타일리스트과 창업동아리 〈StylE-com〉 촬영
    자료 (사진: 김두영)

(그림 6) 베니뮤 제품
베니뮤 룩북 촬영자료 (사진: 김두영)

(그림 7) 베니뮤 제품 광고 패션 화보
베니뮤 룩북 촬영자료 (사진: 김두영)

(그림 8) 베니뮤 제품 광고 패션 화보
베니뮤 룩북 촬영자료 (사진: 김두영)

(그림 9) 벨타코 제품
벨타코 룩북 촬영자료 (사진: 김두영)

(그림 10) 벨타코 제품
벨타코 룩북 촬영자료 (사진: 김두영)

(그림 11) 벨타코 제품 광고 패션 화보
벨타코 룩북 촬영자료 (사진: 김두영)

(그림 12) 벨타코 제품 광고 패션 화보
벨타코 룩북 촬영자료 (사진: 김두영)

(그림 13) 벨타코 제품 광고 패션 화보
벨타코 룩북 촬영자료 (사진: 김두영)

(그림 14) 벨타코 제품 광고 패션 화보
벨타코 룩북 촬영자료 (사진: 김두영)

(그림 15) 벨타코 제품 광고 패션 화보
벨타코 룩북 촬영자료 (사진: 김두영)

(그림 16) 벨타코 제품 광고 패션 화보
벨타코 룩북 촬영자료 (사진: 김두영)

(그림 17) 벨타코 제품 광고 패션 화보
벨타코 룩북 촬영자료 (사진: 김두영)

(그림 18) 패션사진
https://www.flickr.com/photos/francesca-keturah/
    819541391

(그림 19) 일러스트
https://pxhere.com/en/photo/1584905

(그림 20) 타이포그라피
https://www.flickr.com/photos/adactio/5817844675

(그림 21) 이미지 위주의 시각적 전달 방법
https://www.flickr.com/photos/tammymanet/
    2074763011

(그림 22) 이미지 위주의 시각적 전달 방법
https://www.flickr.com/photos/69017136@N04/
    21985459602

(그림 23) 이미지 위주의 시각적 전달 방법
https://www.flickr.com/photos/69017136@N04/
    21985459602

(그림 24) 이미지 위주의 시각적 전달 방법
ⓒ David Walden
https://commons.wikimedia.org/wiki/File:Model_Beau_
    Dunn,_Vogue_Italia,_2012.jpg

(그림 25) 이미지 위주의 시각적 전달 방법
https://www.flickr.com/photos/tammymanet/
    3849130307

(그림 26) 이미지 위주의 시각적 전달 방법
https://www.needpix.com/photo/1140588/magazine-
    gloss-women-cosmetics-beauty-care-makeup

(그림 27) 이미지 위주의 시각적 전달 방법
https://www.flickr.com/photos/samm-p/8522826709

(그림 28) 시각적, 언어적 요소가 함께하는 형식
https://www.flickr.com/photos/boltron/2594129120

(그림 29) 시각적, 언어적 요소가 함께하는 형식
https://www.flickr.com/photos/aamirraza/8470414974

(그림 30) 다양한 정보 제공 형식
https://www.flickr.com/photos/kitlondon/20789208925

(그림 31) 다양한 정보 제공 형식
https://www.flickr.com/photos/normann-copenhagen/
    6515461389

CHAPT

방송·무대 스타일링

ER 9

● 가수 스타일링

방송 스타일리스트는 각 방송사에 소속되어 있거나 프리랜서로 활동한다. 주로 가수, 배우, 프로그램 진행자, 뉴스 진행자와 기타 출연자의 의상 콘셉트를 기획하고 정해진 콘셉트에 맞게 의상을 수급하여 연출하거나 제작하는 일을 한다.

방송의 모든 작업은 공동 작업이며 종합예술로 많은 분야의 담당자들과 협력하여 작업을 진행하므로, 철저한 시간 관리와 성실성은 전문가로서의 가장 중요한 기본 요건이다.

1. 한국 대중음악

한국의 대중음악은 19세기 말 서양음악이 도입되던 시절부터 대중들이 좋아하고 즐기던 음악을 말한다. 1920년대 후반, 어린이들이 부르는 노래는 동요, 어른들이 부르는 노래를 '가요'라고 명명했고 1950년대 이후가 돼서야 가요는 대중가요로 명칭이 바뀌게 되었다.

1970년대 청소년과 청년층이 대중음악을 주도하기 시작하면서 이후 한국의 대중음악은 TV, 라디오, 레코드 등의 매체 발달과 서구 문화의 유입, 청년문화와 신세대 문화의 등장과 같은 사회적 요인에 영향을 받아 변화해 왔다.

1992년 서태지와 아이들의 활동으로 랩과 댄스그룹이 성행하면서 이때부터 대중음악의 흐름도 크게 바뀌기 시작했고 현재 케이팝의 틀을 마련하였다. 케이팝의 열풍은 2010년 이후 더욱 거세졌으며 대중음악 소비자들이 10대로 옮겨지면서 이들 사이에 높은 인기를 얻은 '아이돌'이 탄생하였다.

최근 한국 대중 음악을 일컫는 K-팝은 패션, 외모 등의 시각적 이미지가 두드러져 '보는 음악'이라고 불리기도 한다. 현재 K-팝 가수들의 무대의상은 국내뿐만 아니라 전 세계에 영향을 미치고 있고 이 분야의 유행을 주도하는 역할을 한다.

2. 대중가수 활동 프로세스

대부분의 대중가수는 음원 발매와 함께 앨범 촬영, 뮤직비디오 촬영, 여러 매체 인터뷰, 음악 프로그램 출연, 버라이어티 프로그램 출연, 콘서트 공연 등의 활동을 한다(그림 1). 스타일리스트는 음악 장르의 특성과 앨범의 콘셉트, 기획사와 아티스트의 취향을 반영한 의상 콘셉트를 기획하고 각 활동에 적합한 의상 수급 방법과 룩의 구성 방법 계획을 세운다.

그림 1 가수 활동 프로세스

1) 대중음악 장르별 무대의상 분석

(1) 댄스음악(Dance Music)

춤을 추기 위한 목적으로 만들어진 댄스음악은 리듬이 가장 중요한 요소 중 하나이다. 1990년대에 서태지와 아이들, H.O.T 등의 댄스그룹이 폭발적인 인기를 끌면서 아이돌 문화를 선도하였고 이후 한국 대중음악을 대표하는 장르로 자리 잡았다.

댄스음악의 무대의상은 화려한 율동과 안무 등을 포함하여 외적 스타일을 부각시킬 수 있도록 기

그림 2 EXO

획하는 것이 중요하다. 또한, 의상과 액세서리, 소품 등은 안무에 불편함이 없어야 하고 땀 등에도 원단이나 옷의 형태가 변하지 않도록 주의하여야 한다. 백업댄서(Backup Dancer) 와 함께 할 경우 스타일링에 있어서 가수와의 조화를 염두에 두어야 한다(그림 2).

236

(2) 발라드(Ballade)

그림 3 성시경

발라드란 단어는 원래 중세 유럽의 서사적 민요 형식을 부르는 이름이었으나, 한국의 대중가요계에서는 느린 템포에 서정적이고 애절한 사랑 노래를 통칭한다. 1980년대 이후부터 '한국형 발라드'를 선보이며 대중음악의 주류 장르로 자리매김하였다.

일반적으로 발라드 가수의 스타일은 단순하지만 고급스럽고 우아한 디자인을 선호한다. 남성 가수는 슈트 스타일을 주로 스타일링 하였고(그림 3), 여성 가수는 드레스 차림이나 정장을 기본으로 하며 너무 캐주얼 하지 않은 차분한 스타일이 주를 이룬다.

발라드의 무대의상 콘셉트에는 이별과 사랑의 분위기를 대리만족시킬 수 있는 아이디어가 필요한데, 음악의 서정성이 강해 가수의 심도 있는 감정 이입이 요구되므로 스타일링이 이를 보태고 승화시킬 수 있도록 기획되어야 한다.

(3) 록 음악(Rock Music)

그림 4 엔플라잉(N.Flying)

록 음악은 로큰롤을 시작으로 헤비메탈, 소울, 펑크, 힙합 등 다양한 장르와 섞이며 변화해 왔다. 저항을 외치는 과격한 감정 표출부터 차분하고 애절한 느낌까지 악기 구성과 가수의 성향에 따라 다양한 록 음악으로 구분된다.

록 음악의 무대의상은 로커의 반항적이며 저돌적인 태도를 반영한 스타일이 많다. 해어진 청바지, 타이트한 가죽 팬츠, 의도적으로 낡고 훼손된 의상과 가죽 재킷 등은 록 음악을 상징하는 스타일이다. 여기에 액세서리는 메탈, 가죽 소재의 사용이 두드러진다.

로커는 방송보다 콘서트 위주의 활동을 하는 경향이 많지만 이와는 다르게 최근 방송을 중심으로 활동하는 젊은 록 밴드들은 비틀스의 이미지를 모방하는 깔끔한 슈트 스타일, 포멀과 캐주얼을 믹스 매치한 스타일, 차분한 셔츠 스타일, 트렌드를 반영하는 감성 캐주얼 등 자유분방하고 독특한 콘셉트의 무대의상을 많이 선보이는 추세이다(그림 4).

(4) 힙합(Hip Hop)

1990년대 초반 그룹 서태지와 아이들(그림 5)이 힙합을 대중화시킨 이후 많은 힙합 전문 뮤지션이 배출되었다. 1990년대 중반부터는 랩을 첨가한 아이돌 그룹의 인기로 대중들이 힙합에 주목하게 되었다. 최근에는 음악 채널에서 방영되는 힙합 서바이벌 프로그램의 인기와 함께 래퍼와 힙합 가수가 대중음악 시장을 장악하며 막강한 영향력을 행사하게 되었다.

그림 5 서태지와 아이들

힙합 가수의 무대의상은 다양한데 그 중 '정통 힙합 스타일'은 통이 넓은 바지에 다양한 색상의 후드 티나 점퍼를 즐겨 입는데 주로 의상을 크고 과장되게 입는 전통적 힙합 패션을 따른다. '세미 힙합 스타일'은 정통 힙합 스타일에 캐주얼적인 요소를 더한 것으로 보다 활동적이고 실용적인 측면이 강하다. '스포츠 힙합 스타일(그림 6)'은 비보이들이 브레이크 댄스를 출 때 입었던 스타일이나 경기복 등 스포츠 요소를 믹스한 스타일을 말한다. '믹스 앤 매치 힙합 스타일(그림 7)'은 서로 다른 요소들을 섞는 것으로 정장 재킷에 청바지를 매치한 스타일이 대표적이다. '정장 힙합 스타일

그림 6 DJ DOC

그림 7 버벌진트

그림 8 다이나믹 듀오

(그림 8)은 슈트와 구두, 중절모, 선글라스로 연출하여 고급스러운 느낌을 표현하고자 하였다. 최근 힙합 스타일의 경향은 실용성과 기능성을 가미해 좀 더 세련되고 트렌디한 느낌을 강조하고 있다. 무조건 큰 옷을 고집하기보다는 오버핏의 상의와 슬림한 하의를 매치하거나 스포츠 감성, 스트리트 감성을 믹스하기도 하며 트렌디한 아이템을 반영하기도 한다.

(5) 알앤비(R&B)

1990년대 중반 솔리드, 현진영, 유영진 등의 등장으로 국내에 흑인풍의 R&B 장르가 처음 소개되기 시작하였다. 2000년대에 들어서는 한국 대중가요계에서 R&B 장르가 점점 대중화가 되었고 인지도도 상당히 커졌다. 격정적이고 표현이 자유로운 미국식 R&B와는 다르게 국내에서는 중간 박자의 우울한 멜로디와 호소력 짙은 창법이 특징이며 한국의 정서를 담아 더욱 애절한 분위기를 보여주었다.

그림 9 솔리드

그림 10 박효신

초기 R&B 가수의 무대의상은 발라드 가수의 차림에서 크게 벗어나지 않은 단정하고 세련된 스타일을 추구하였다(그림 9). 남자 가수는 슈트 스타일, 여자 가수는 드레스를 주로 착용하였는데 점차 발라드 가수와 차별성을 주기 위해서 의상의 착용 방식이나 연출 요소에 이국적인 특징을 더하였다. 2000년 이후 데뷔한 R&B 가수는 음악의 템포와는 상관없이 캐주얼한 스타일도 추구했으며, 현재는 장르만의 특별한 의상 스타일 없이 각자 가수 특성이나 앨범 분위기에 맞는 스타일링을 하는 추세이다(그림 10).

(6) 트로트(Trot)

일제강점기인 1920년대 말부터 일본 엔카에 영향을 받아 형성된 트로트는 광복 후 팝송과 재즈 기법 등이 도입되면서 체계를 갖추게 된다. 국내 트로트는 1960년대부터 발전하기 시작했지만 1970년대 청년문화의 붐으로 눈에 띄게 위축되었다. 1970년대 조용필의 '돌아와요 부산항에'를 필두로 다시 트로트가 부활하였고 특유의 꺾기 창법을 구사하는 '한국형 트로트'가 탄생하였다. 1990년대 이후 한국 가요계가 댄스곡 위주로 변화하면서 트로트는 '성인가요'라 불리며 올드한 음악으로 치부되었으나 2000년대부터 장윤정, 홍진영 등 젊은 트로트 가수가 데뷔하고 아이돌이 트로트에 많은 관심을 보이며 젊은 층에게도 대중화되었다.

2019년 MBC 프로그램 '놀면 뭐 하니', '뽕포유 프로젝트'의 성공을 기점으로 TV조선 프로그램 '내일은 미스 트롯'과 '내일은 미스터 트롯'이 엄청난 인기를 끌면서 유사 프로그램의 편성이 늘어나는 등 전 세대에 걸쳐 트로트 열풍이 불고 있다.

일반적으로 대중이 생각하는 트로트 음악의 무대의상은 스팽글, 비즈 등 시퀸(Sequin)으로 장식한 일명 '반짝이 재킷', 원색 슈트 등이 대표적이다(그림 11). 트로트 무대의상은 시간이 지나면서 변화와 발전을 거듭했고 최근 젊은 트로트 가수들이 부상하면서 젊은 감각의 무대의상으로 변화되었다. 하지만 전통을 고수하려는 성격이 강하며 주 타깃의 연령대가 높고 그들의 취향을 강하게 반영하는 특성으로 인해 캐주얼 스타일보다는 단정하고 포멀한 스타일이 주를 이룬다(그림 12).

그림 11 태진아   **그림 12 영탁**

2) 앨범과 뮤직비디오 분석

(1) 국내 대중가요 앨범(Album)

앨범은 '모음집'이라는 뜻으로 여러 곡의 노래 또는 연주곡 따위를 하나로 묶어 만든 것이며 그 형태가 다양하다. 앨범 재킷은 앨범의 겉 표지로 앞면에 인쇄되는 그림이나 사진을 말하는데 흔히 앨범 커버라고도 한다. 앨범 전체의 스타일과 성격을 가장 함축적으로 보여주고 아티스트 의상 콘셉트까지 표현되는 경우가 있기 때문에 앨범 재킷 촬영은 아주 중요한 작업이다.

① 정규 앨범

가수들이 정식으로 내놓는 앨범으로 수록된 곡의 수는 대략 10곡 이상이다. 1집, 2집 등 각 앨범을 발매할 때마다 넘버링이 달리며 앨범 콘셉트에 맞는 사진 촬영과 앨범 재킷 디자인 등 제작비용이 많이 들고 준비 기간도 오래 걸리는 특징이 있다.

② 미니 앨범

정규 앨범처럼 넘버링이 달리지 않으며 주로 5곡 내외로 구성되어 있다. 비정규 앨범이라 불리고, 정규 앨범에 실리지 못한 곡들이 실리는 경우도 있다. 제작사 입장에서 정규 앨범보다 비용이나 기간이 적게 들기 때문에 최근 정규 앨범보다 더 선호되고 있다.

③ 싱글 앨범

4곡 정도의 음원이 수록된 앨범으로 주로 신인가수들이 가능성을 점치기 위해서 내놓거나 정규 앨범, 미니 앨범 등을 발매하기 전 반응을 보기 위해 제작하는 경우도 있다.

⑤ 디지털 싱글 앨범

디지털로 음원을 출시하는 방식의 앨범을 말한다.

⑥ 리패키지 앨범

기존 앨범에 신곡을 추가하거나 패키지를 바꿔서 내는 앨범을 말한다. 보통 누락됐던 음원이나 기존 음원을 새롭게 정리해서 수록하기도 한다.

(2) 국내 대중가요 뮤직비디오(Music Video) 분석

뮤직비디오는 음악과 시각 이미지를 융합한 비교적 짧은 길이의 영상 형식이며 보통 앨범 홍보를 위해 제작된다. 최근 들어 한국의 뮤직비디오가 온라인 동영상 채널을 통해 글로벌한 관심의 대상이 되면서 뮤직비디오의 중요성이 더욱 부각되고 있다. 싸이의 '강남스타일'의 유례없는 열풍과 방탄소년단의 뮤직비디오는 세계적인 기록을 세울 만큼 많은 인기를 끌었고, 점차 한국 대중가요의 뮤직비디오는 예술성을 지닌 독자적인 영상 형식으로 자리 잡아 전 세계에 영향을 주고 있다.

뮤직비디오의 유형을 살펴보면 내러티브형, 이미지 예술형, 공연 실황형 등이 있다.

① 내러티브(Narrative)형

'드라마 타이즈(Dramatise)'라고도 불리며, 드라마처럼 주인공의 일정한 이야기 흐름을 따라가는 구조이다. 가수가 직접 연기를 하기도 하지만 전문 배우가 하는 것이 일반적이다. 영상의 내용은 음악의 콘셉트나 가사 내용을 담은 시나리오를 따라 진행되며, 음악의 효과를 극대화하기 위해 인물의 감성과 장면의 시각성을 과장한다. 조성모의 '투 헤븐(To Heaven)'이 큰 인기를 끈 이후 수많은 내러티브형 뮤직비디오가 제작되어 한국 뮤직비디오의 대세를 이루어 왔다.

내러티브형 뮤직비디오는 한 편의 영화나 드라마처럼 보이는 영상으로 현실적인 소재의 내용이 많다. 따라서 스타일링을 기획할 때 영상 콘셉트와 어울리지 않고 복식에만 치중한 차림은 영상 전체의 흐름을 방해할 수 있으므로 주의해야 한다.

② 이미지 예술형

가수를 중심에 두고 가수의 연주, 노래나 안무하는 모습 등을 부각시키며 다양한 이미지를 리듬에 맞추어 편집한 영상이다. 거의 모든 시각적 요소들이 음악의 주제, 콘셉트를 기준으로 선택되어 사용되는 것이 특징이며 가상의 이야기와 퍼포먼스를 결합하여 구성하기도 한다.

이미지 예술형 뮤직비디오는 가수가 영상의 중심이 되게 촬영하는 방식이므로 복식이 음반의 콘셉트를 보여주는 가장 중요한 요소 중 하나이다. 뮤직비디오의 배경이 단순하고 가수가 카리스마가 없는 경우 자칫 밋밋한 영상으로 보일 수 있으므로 복식을 통하여 사람의 시선을 집중시킬 수 있는 스타일링을 기획해야 한다.

③ 공연 실황형

아티스트의 퍼포먼스를 연출하거나 공연 실황을 편집한 영상이다. 화려한 무대와 연출, 배경에 사용된 영상물, 아티스트의 퍼포먼스, 관객의 함성들이 어울려 현장에 있는 듯한 착각을 불러일으키게 구성되어 있다.

3) 인터뷰 (Interview) 분석

앨범 발매와 동시에 앨범 홍보라는 목적을 가지고 다양한 매체와 인터뷰를 하게 된다. 이때 스타일리스트는 앨범 콘셉트를 반영하면서 각 매체의 요구에 부합하고 효과적인 이미지 창출을 위한 스타일링을 기획하여야 한다.

4) 쇼 음악 프로그램 분석

쇼 음악 프로그램은 가수의 정체성과 음악적 감성, 앨범 콘셉트 등을 가장 잘 보여줄 수 있는 프로그램이므로 스타일리스트는 각 프로그램의 특성을 파악하고 이에 적합한 스타일링 기획을 준비해야 한다.

(1) 순수 음악 프로그램

다양한 시청 연령층을 대상으로 하며, 순수 음악적 요소들로 진행된다. 최근 순수 음악 프로그램은 점차 사라져가는 추세이다.

(2) 가요 순위 프로그램

가장 전형적인 형태의 음악 프로그램으로 최신 인기곡과 인기스타의 소식 등으로 구성된 버라이어티 음악 쇼의 형식을 보여준다. 주로 10대에서 20대 시청자, 해외 케이팝 팬들을 겨냥한 방송으로 시청자의 투표로 순위를 선정하기도 한다. 가요 순위 프로그램의 특성상 공개 프로그램 형식이고 생방송으로 진행되는 경우가 많다.

(3) 음악 토크쇼 프로그램

순수 음악 프로그램과 토크를 접목하여 시청자와 가수가 토크와 음악으로 소통하는 프로그램이다. 주로 심야 시간대에 편성되며 청장년층을 대상으로 한다.

(4) 음악 서바이벌 경쟁 프로그램

가수들이 서로 음악을 통해 경쟁하면 관객 또는 시청자가 마음에 드는 음악을 선택해 순위를 정하는 형식이다. 모든 연령층을 대상으로 하며 순위의 유출을 대비해 공개와 비공개, 두 가지 형식으로 모두 진행된다.

(5) 시청자 참여 음악 프로그램

연예인이 중심이 아닌 일반 시청자의 참여로 이루어지는 음악방송을 말한다. 모든 연령대를 대상으로 하는 프로그램이며 공개 프로그램으로 진행된다. 현재는 모창을 따라 하는 일반인 사이에서 가수를 찾거나 일반인 실력자들 사이에서 음치를 찾아내는 형식 등 다양한 시청자 참여 프로그램이 등장하고 있다.

(6) 특집 음악 프로그램

정규적인 편성이 아닌 특집으로 이루어지는 음악 프로그램이며 연말 시상식, 명절, 크리스마스 등 큰 이슈에 따라 방송된다. 주로 가요 위주 음악방송이 많이 보이며 쇼 음악 프로그램 형식 중 가장 규모가 크다.

5) 버라이어티(Variety) 프로그램 분석

버라이어티는 다채로운 포맷과 내용을 담은 쇼, 예능, 오락 프로그램을 말한다. 최근 가수들은 음악 프로그램 이외에 버라이어티 프로그램에 출연하는 경우가 많아졌다. 단독으로 출연하기도 하지만 대부분 여러 연예인과 함께 출연하게 되므로 방송과 시기, 활동 분야에 따른 적절한 코디네이션 기획과 더불어 여러 출연자 중에서도 기억에 남는 이미지를 보여줄 수 있도록 스타일링 되어야 한다.

6) 콘서트 분석

콘서트는 실제로 관객 앞에서 가창, 연주 등을 하는 것을 의미한다. 콘서트는 다양한 분야가 결합한 종합예술로 방송에는 볼 수 없었던 가수의 다양한 이미지를 보여주는 기획이 많다. 스타일리스트는 콘서트를 함께 구성하는 여러 사람의 의견을 수렴하고, 콘서트 콘셉트 안에서 독창적인 패션 스타일을 창안해야 한다.

3. 쇼 음악프로그램 무대의상의 특성과 스타일리스트 역할

1) 의상 구비 방법 결정

스타일리스트는 쇼 음악프로그램에 따라 기획된 콘셉트를 성공적으로 보여주기 위해 적합한 의상과 소품, 장신구 등을 구비·확보해야 한다. 제작하는 방법이 차별화된 콘셉트를 구현하기에 가장 용이할 수 있으나 제작이 불필요하거나 불가능한 상황일 경우, 제작보다 구비가 쉽거나 경제적인 이익이 큰 상황일 때는 제작 대신 의상을 구입하거나 협찬 또는 대여한다.

'구입'은 콘셉트에 필요한 의상을 품목별로 정리하고 기성품을 구입하여 준비하는 것을 말하며 '협찬'은 패션 홍보대행사(협찬사)나 브랜드 본사에서 의상이나 소품, 장신구 등을 무료로 빌리는 방식이다. '대여'는 의상이나 소품, 장신구를 대여업체의 조건에 따라 비용을 지불하고 일정 기간 빌려 사용한 후 반납하는 것이다.

의상 구비 방법을 결정하기 위해선 계획서를 작성하는 것이 좋다. 계획서 작성을 위해서는 먼저 품목을 분류하고 필요한 의상 품목 중 제작을 해야 하는 품목, 협찬이 가능한 품목, 대여가 가능한 품목, 구입해야 하는 품목으로 구분한다.

대여해야 할 경우엔 대여 업체 물품 목록을 검토한 후 필요한 품목을 선정한다. 품목이 결정되면 업체에 원하는 품목을 알려주고 대여 조건과 금액 등이 상세히 적힌 견적서를 요구하여 받는다. 다른 업체에도 비슷한 품목이 있다면 두세 곳 정도의 업체에서 견적서를 요청하여 받아본 후 비교하고 가장 조건이 좋은 업체와 거래 계약을 맺도록 한다.

구입해야 할 품목은 연예인 신체 사이즈와 비교하고 가봉이나 착장 과정을 통해 사이즈를 정확히 확인해야 하는데 외국제품은 국내 사이즈와 차이가 있으므로 사이즈 변환표를 통해 미리 사이즈를 확인해 둔다. 거래 계약서를 작성해야 할 경우, 가격 정보, 필요물품의 수량, 물품 정보 유의 사항, 사용 기간과 반납 일자 등이 포함되어 있는지 꼼꼼히 검토해야 한다.

사이즈 변환표

여성복

한국	44(85)	55(90)	66(95)	77(100)	88(105)
미국	2(XS)	4(S)	6(M)	8(L)	10(XL)
영국	4	6~8	10~12	14	16
유럽	34	36	38	40	42

남성복

한국	95	100	105	110
미국	95~100	100~105	105~110	110~115
유럽	48	50	52	54

여성화

한국	220	225	230	235	240	245	250	255	260
미국	5	5.5	6	6.5	7	7.5	8	8.5	9
영국	2.5	3	3.5	4	4.5	5	5.5	6	6.5
유럽	35	36	36.5	37	37.5	38	38.5	39	39.5

남성화

한국	255	260	265	270	275	280
미국	7.5	8	8.5	9	9.5	10
영국	6.5	7	7.5	8	8.5	9
유럽	40.5	41	41.5	42	42.5	43

2) 무대의상 제작 프로세스

제작은 콘셉트에 맞는 의상을 구할 수 없을 때, 다른 가수와 차별화된 스타일을 추구할 때, 그룹으로 활동하기 때문에 멤버 전체의 통일된 의상을 구하기가 어려울 때 등 다양한 이유로 활용된다.

쇼 음악 프로그램은 방송 프로그램 중 공연장 무대와 가장 닮았거나 그 공연 자체가 방송되기도 한다. 가수의 정체성을 가장 잘 보여줄 수 있는 프로그램이므로 각 음악 프로그램의 타깃과 특징, 성격을 분석하여 가수가 최상의 이미지로 보일 수 있도록 준비해야 하며 앨범 콘셉트를 잘 표현할 수 있는 무대의상 기획이 필요하다.

(1) 시장조사

시장조사는 구비하고자 하는 상품이나 품목을 어디서 어떻게 수급하는지에 대한 전반적인 조사를 의미한다. 시장조사를 통해 의상 수급에 관한 계획과 예산을 책정할 수 있으며, 준비시간을 절약할 수 있다. 시장조사 후엔 업체 정보, 가격 정보, 필요 물품의 수량 등을 정리한다.

① 인터넷 리서치

인터넷을 활용하여 검색하는 방법으로 가장 쉽게 조사할 수 있는 방법이다. 요즘은 외국의 정보 수집과 해외 사이트에서 직거래가 수월해졌으며 비교견적, 구매 대행 등의 방법을 통해 다양한 물품을 쉽고 저렴하게 확보할 수 있다.

② 전화조사

직접 통화를 통해 얻고자 하는 품목의 구매, 대여, 협찬의 가능 여부와 업체별 조건, 가격 비교, 할인 여부 등을 확인할 수 있다. 또한, 필요에 따라 견적서를 요청하여 가격을 비교할 수 있다.

③ 방문조사

구매할 제품의 기능, 성능, 품질, 색상, 사이즈 그리고 가격 등을 직접 눈으로 확인하고 비교할 수 있다는 장점이 있다. 특히 '동대문'은 원단 시장부터 소·도매 시장, 다양한 쇼핑몰이 있어 의상에 필요한 원·부자재에서부터 완제품에 이르기까지 아이템별로 비교적 쉽게 구할 수 있다.

(2) 자료조사

무대의상을 기획하기 위해서는 자료조사가 충분히 선행되어야 한다. 자료조사는 패션 관련 자료, 방송 관련 자료, 뮤지션 관련 자료로 분류할 수 있다.

패션 관련 자료는 패션쇼 자료, 패션 잡지, 화보, 각종 트렌드 자료, 원부자재 시장 조사자료 등이 있다. 방송 관련 자료는 방송 프로그램 및 방송무대 분석 자료이며, 뮤지션 관련 자료에는 가수의 체형 분석자료, 퍼스널 컬러자료, 헤어·메이크업 자료, 유사 장르 스타일링 분석 자료 등이 있다. 스타일리스트는 모든 자료를 조사 분석하여 이미지별, 컬러별, 스타일별로 분류하고 무대의상에 적용할 수 있는 정보를 추출한다.

(3) 무대의상 콘셉트 기획

조사 내용을 바탕으로 무대의상 콘셉트를 기획한다. 콘셉트에는 의상 콘셉트, 컬러 콘셉트 등이 포함된다. 선행 작업으로 K-Pop 무대에서 자주 보이는 콘셉트를 분석하면 기획 시 도움이 될 수 있다.

① 섹시 콘셉트(Sexy Concept)

이 콘셉트는 단시간에 대중의 관심을 유도할 수 있기 때문에 K-Pop 무대에서 자주 보이는 스타일이다. 여성 가수의 경우 극단적으로 몸에 피트되는 실루엣으로 몸매를 강조하거나 코르셋, 란제리 같은 속옷 디자인을 활용하기도 한다. 다리, 가슴, 어깨 등 신체의 일부분을 노출하거나 은밀하게 비치는 원단을 사용하여 성적인 매력을 어필(그림 13)하기도 하고 때로는 노출하지 않고 이미지만으로 섹시함을 표현하기도 한다. 남성 가수는 근육질 체형을 드러내는 의상으로 강한 남성성을 강조한다(그림 14).

그림 13 EXID

그림 14 2PM

② 큐트 앤 이노센트 콘셉트(Cute & Innocent Concept)

10대나 20대 초 가수들의 상큼하고 순수한 이미지를 표현할 때 자주 기획되며, 일반적으로 그룹의 데뷔 초기에 많이 선보이는 스타일이다. 풋풋함을 대변하는 이미지를 보여주기 위해 교복을 활용한 '스쿨룩 스타일(그림 15)'이 가장 많다. 걸 그룹의 경우 여성스러움을 강조하고 공상적인 분위기, 차분하고 청순한 느낌, 때때로 요정 같은 이미지를 표현하기 위해, 가벼운 원단과 여성성을 강조하는 디테일을 사용한 스커트 세트나 미니 드레스가 자주 보인다(그림 16).

그림 15 EXO

그림 16 에이프릴(April)

③ 레트로 콘셉트(Retro Concept)

레트로 패션은 과거 패션을 현시대의 기호에 맞추어 재해석한 스타일을 말하며 흔히 '복고풍'이라 불리기도 한다. 국내 대중가요계에선 2000년 후반 원더걸스(그림 17)에 의해 본격적으로 시도되어 대중들의 사랑을 받았다. 이후 원더걸스의 성공이 발판이 되어 많은 아이돌에 의해 현재까지 다양하게 재창조되고 있다. 2000년 초기에는 1970~1980년대의 디스코 문화를 기반으로 전개된 스타일(그림 18)이 많았으나, 최근에는 다양한 시대에 영향을 받은 무대의상을 선보이고 있다.

그림 17 원더걸스(Wonder Girls)

그림 18 티아라(T-ARA)

이 스타일은 10대 팬들에게는 새로움과 신선함을 주고, 20대 이상 팬들에게는 향수를 불러일으키는 도구로 활용된다. 레트로 무대의상은 각 시즌 트렌드와 정서에 부합하고 앨범의 타깃에 적합한 콘셉트 기획이 중요하다.

248

④ 팝 콘셉트(Pop Concept)

다양한 컬러와 다채로운 느낌을 보여주는 스타일을 말한다. 강한 컬러와 패턴, 프린트, 소재의 믹스, 과장된 믹스 앤 매치와 레이어드 등을 시도한다.

그림 19 오렌지캬라멜(Orange Caramel)

'키치 스타일'은 팝 콘셉트의 한 부분으로 키치란 '유치한 것'을 의미하며 패션을 위트 있게 표현하는 방식을 말한다. 케이팝에서 보여주는 키치 스타일은 종종 강렬한 원색, 현란한 문양, 다양한 소재의 액세서리들을 활용하여 표현하였고, 무늬의 조화에 따라서 개성 있고 다채로운 이미지를 보여준다 (그림 19).

⑤ 스포티즘 콘셉트(Sportism Concept)

스포츠 감성과 패션을 결합한 스타일(그림 20)이며 젊음과 역동성을 상징한다. 국내에서 자주 보이는 스포티즘 콘셉트는 '치어리더 스타일', '학생 체육복 스타일', 스포티(Sporty)한 감각을 트렌드에 맞도록 재해석하여 시크함을 살린 '모던 스포츠 스타일', 스트리트 패션의 요소와 스포티브한 감각

그림 20 위키미키(Weki Meki)

의 아이템을 믹스 매치하여 연출한 형태인 '캐주얼 믹스 스타일' 등이 있다.

⑥ 퓨처리즘 콘셉트(Futurism Concept)

그림 21 투애니원(2NE1)

하이테크(Hi-Tech)적 감각과 유니크(Unique)한 감각이 결합한 스타일이며 주로 일반적이지 않은 소재, 디테일, 아이템을 독특한 방법으로 조합한다. 첨단과학기술과 미래적인 요소를 접목하여 미래 이미지를 보여주는 것이 특징이며 다양한 형태의 기하학적 모양 등 일반적이지

않은 실루엣과 소재가 사용된다(그림 21).

⑦ 클래식 콘셉트(Classic Concept)

이 콘셉트는 슈트나 재킷, 셔츠, 팬츠를 기본으로 하여 단순하고 간결한 이미지를 추구한다. 많은 남자 가수의 기본이 되는 스타일로 고급스러운 스타일을 표현하고 싶을 때 많이 사용되며 스터드, 징 등을 장식하여 개성과 남성미를 첨가하기도 한다. 최근 남자가수의 무대의상 중에는 파스텔 색조의 가벼운 원단과 더불어 여성 의상에서 많이 보이는 리본, 프릴, 러플 등의 디테일 장식을 사용하여 '로맨틱(Romantic)한 감각(그림 22)'을 더한 작품도 자주 보인다.

그림 22 BTS 지민

⑧ 스트리트 콘셉트(Street Concept)

젊은 세대 중심의 스트리트 패션에서 영향을 받은 스타일로 개성에 중점을 두는 것이 특징이다. 밝고 강렬한 색상, 믹스 앤 매치 스타일, 그래픽 프린트(그림 23) 및 스포츠 브랜드의 아이템을 캐주얼과 조합하여 스타일링 한다.

그림 23 EXID

(4) 무대의상 구성

가수가 두 명 이상으로 구성된 그룹이라면 디자인과 스타일링을 기획할 때 각 멤버 간 의상 조화를 먼저 생각해야 한다. 그룹을 위한 무대의상 기획에는 각자 개성형, 전체 통일형, 부분 통일형이 있다.

① 각자 개성형

그룹의 멤버 각자, 개성을 살려 디자인하거나 스타일링 하는 방법을 말한다(그림 24). 이 방법은 가수 한 명, 한 명에게 시선이 집중되기는 하나, 멤버 간 조화를 이루기가 힘들고 산만해 보일 수 있다. 또한, 조합을 통해 세련된 느낌을 주기에 어려움이 크므로 스타일리스트의 노련한 감각이 요구된다.

그림 24 각자 개성형의 빅뱅(BIGBANG)

② 전체 통일형

멤버 전원이 동일한 의상을 입는 것을 말한다(그림 25). 이 방법은 그룹의 이미지를 명확하게 전달하며 그룹이 보여주는 댄스나 퍼포먼스에 파워가 더해지는 장점이 있지만, 아직 인지도가 낮은 그룹일 경우 각 멤버를 인식하는 데 어려움을 줄 수 있다.

그림 25 전체 통일형의 있지(ITZY)

③ 부분 통일형

이 형태는 그룹 전체 이미지만 통일하고 의상을 다르게 하여 멤버 각각의 개성을 살리는 방법과 의상 스타일은 같으나 색상과 무늬를 각 멤버의 체형이나 개성에 맞게 다르게 배치하는 방법이 있다.

색상이나 무늬를 강조한 부분 통일형을 상세히 살펴보면 각 멤버가 다른 디자인의 의상에 통일된 색상이나 무늬를 사용하는 방법, 실루엣이나 디자인, 디테일 아이템이 동일한 의상에 다른 색상과 무늬를 사용하는 방법으로 나눠진다. 색상과 무늬를 강조하기 위해서는 의상 디자인이 단순할수록 그룹 전체의 스타일링이 조화롭고 안정감 있게 보인다.

부분 통일형에서 색상이나 무늬를 배치하는 방법은 다음과 같다.

첫째, 컬러나 패턴이 각 멤버끼리 크로스가 되도록 배치한다(그림 26, 27).

둘째, 상의 또는 하의가 같은 색상이나 무늬가 배치되도록 구성한다(그림 28, 29).

셋째, 색상과 무늬를 하나만 선택해서 각 멤버마다 서로 엇갈리게 배치한다(그림 30, 31).

넷째, 의상디자인을 다르게 하고 상의 또는 하의를 같은 컬러나 무늬로 배색한다(그림 32, 33).

그림 26 크로스 구성

그림 27 체리블렛(Cherry Bullet)

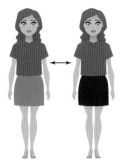

그림 28 상하의 일부통일

그림 29 씨엘씨(CLC)

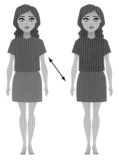

그림 30 엇갈리게 배치

그림 31 BLACKPINK(블랙핑크)

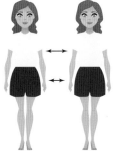

그림 32 다른 디자인 동일
컬러 패턴 배치

그림 33 오마이걸(OH MY GIRL)

(5) 무대의상 제작 전 준비

제작소에 의상을 의뢰하기 전에 아티스트의 신체 사이즈와 의상 사이즈, 신발 사이즈 등 제작을 위한 모든 사이즈를 정확하게 파악한다.

스타일리스트는 디자인한 의상의 아이디어를 제작소에 정확히 표현하고 전달해야 하기 때문에 가능하다면 작업지시서에 도식화를 그려서 설명하는 것이 가장 좋은 방법이다. '작업지시서'란 의상을 제작하기 위한 기초 설계도를 말하며, 작업지시서는 어느 제작자가 보더라도 알아볼 수 있도록 묘사되어야 한다. '도식화(그림 34)'는 의상의 형태를 구조적인 측면에서 알아보기 쉽게 그려놓은 그림을 말하며 인체를 제외한 옷 자체만을 그리되 정면의 모습을 그리고, 의상의 앞면과 뒷면이 모두 포함되어 있어야 한다. 또한, 주름의 방향, 지퍼의 위치, 절개선의 위치 등 옷의 형태와 구조에 관한 디테일들이 명확하게 표현되어 있어야 한다. 도식화를 그리지 못할 경우 비슷한 느낌의 사진을 첨부하거나 설명을 보충할 수 있는 그림을 그려 준비한다.

 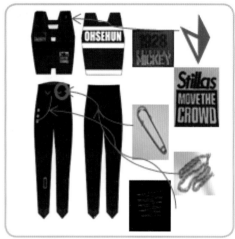

그림 34 도식화

도식화에는 원부자재의 샘플도 첨부해야 하므로 미리 구입해서 준비해야 한다. '원부자재'란 기본 재료인 원자재와 부수적 재료인 부자재를 합친 말이다. 원자재 또는 원재료는 흔히 '원단'이라고 부르는 직물, 편성물과 모피, 가죽, 비닐 등을 말하며, 부자재는 안감, 심감, 리본 및 테이프류, 장식 재료, 단추, 지퍼, 벨크로 등의 여밈 재료와 실 등을 말한다.

국내 직물과 관련된 원부자재 도소매 시장은 여러 곳에 있지만, 대표적으로 서울의 동대문 종합 시장과 광장시장, 동화시장 등이 있다.

원단은 필요에 따라 한 마, 두 마 등 끊지 않고 연결하여 살 수 있으며 한 마는 90cm를 기준으로 하고, 보통 1야드라고 한다. 의상을 예산에 맞춰 제작하기 위해서는 원단의 필요량을 계산하여야 하는데, 이렇게 필요량을 계산하는 것을 '원단 요척'이라고 한다. 보통 의상 아이템마다 소요되는 평균치의 소요량이 정해져 있지만, 같은 아이템이라도 디자인의 디테일, 입는 사람의 신체 치수에 따라 필요량이 달라지기 때문에 의상 제작소에 필요한 원부자재 소요량을 문의하는 것이 가장 정확한 방법이다.

구입한 원단과 부자재는 작게 오린 후 작업지시서에 붙인다. 원단과 안감, 지퍼, 심지,

패드, 단추 등의 부자재는 제작을 의뢰할 때 디자인을 설명할 수 있는 자료와 함께 보낸다.

의상을 의뢰하기 전 원단의 특성을 잘 파악해야 하며 특히, 수축하거나 색이 바래는 원단은 더욱 주의해야 하므로 제작 의뢰 시 원단 특성을 정확히 설명해야 한다.

(6) 무대의상 제작 의뢰

무대의상은 제작소와 충분한 협의를 거쳐 제작물의 완성도를 높이기 위한 방법을 토의한다. 방송 시간과 일정을 공유하여 의상 제작의 시작일과 완성일을 협의해야 하며 의상수정과 보완이 마무리되는 기간이 촬영일 전에 완성될 수 있도록 날짜를 확보해야 한다.

촬영 전에 착용 평가를 통한 보완점을 파악하여 제작소에 수정을 요청한다. 수정할 부분은 핀으로 피팅한 다음 정확한 설명, 사이즈와 함께 제작소에 전달한다.

(7) 무대의상 스타일링

무대의상 스타일링이란 구상한 콘셉트에 맞추어 패션 스타일링의 연출 요소를 조화롭게 조합하여 스타일을 완성하는 것을 말한다. 패션 스타일링의 연출 요소는 아이템, 컬러, 소재, 무늬, 액세서리, 헤어, 메이크업 등이 있으며 각각의 요소가 무대의상의 목적에 부합되도록 상호 보완되어야 한다.

'아이템(Item)'은 스타일링에 있어 연출의 한 단위를 말하는 것으로 아이템 간의 조화는 그 완성도에 따라 패션 스타일링의 평가를 좌우하는 중요한 요소다. '컬러(Color)'는 사람의 눈에 가장 먼저 인식되는 요소로 무대의상에 선택된 컬러에 의해 음악의 성격 및 특징, 분위기 등 시각적 메시지를 명확하게 전달할 수 있다. '무늬(Pattern)'는 그 크기와 배열 등에 의하여 착용자의 체형 및 이미지를 다르게 보이도록 유도할 수 있으며 스타일링의 의도를 쉽게 파악할 수 있게 한다. '액세서리(Accessory)'는 '부속물·보조물·장신구'라는 뜻으로, 몸에 치장하기 위한 도구이며 스타일링을 마무리하고 완성하기 위한 부속품이다. '헤어와 메이크업(Hair & Makeup)'은 인물의 이미지를 다양하게 변화시키고 개선하며 스타일링의 완성도를 높이는 데 큰 역할을 한다. 스타일리스트는 제작된 의상에 액세서리를 더하고 헤어 메이크업을 조합하여 무대의상 스타일링을 완성한다.

254

기획 예시

가수: BTS
앨범: 아이돌
무대: 특집 음악 프로그램
콘셉트: 남사당패 유랑단

BTS 멤버의 체형과 특성, 앨범의 콘셉트, 기존 특집 음악 프로그램의 무대와 출연자 의상 특징을 모두 분석하여 무대의상 기획에 반영하였다. 무대의상 콘셉트는 양반으로 구성된 '남사당패 유랑 예인'이다. 한국적인 퍼포먼스가 가미된 BTS 안무에서 영감을 받아 조선 시대 예인이었던 남사당패를 현대적으로 재해석하였다. 이를 통해 글로벌활동을 왕성히 하는 BTS에 한국적인 정체성을 첨가하고자 하였다.

아이템(Item)은 여러 곡을 부르는 '특집 음악 프로그램'의 특성을 반영해 한 벌의 무대 의상으로 두 벌의 효과를 내고자 슈트 아이템 위에 한복을 덧입어 구성하였다. 한복의 고유한 이미지를 손상하지 않기 위하여 겉옷으로 사용되는 한복은 전통 한복 디자인을 그대로 따랐으며 입거나 걸치는 연출 방식으로 현대적인 감각을 더하였다. 곡이 바뀌면 안무와 함께 자연스럽게 겉옷을 벗는 것으로 의상이 교체되며 에스닉한 스타일에서 모던한 스타일로 변화되도록 기획하였다.

컬러(Color)는 모노톤으로 정하여 에스닉한 아이템에 모던한 감각을 부여하고자 하였다. 무대의상 스타일을 마무리하고 완성도를 높이기 위해 헤어 메이크업과 액세서리도 일관된 콘셉트 안에서 구성하였다(그림 35).

그림 35 스타일링 맵

3) 쇼 음악프로그램 촬영

(1) 현장에서 스타일리스트의 역할

스타일리스트는 쇼 음악프로그램 촬영을 위해 방송국에 도착하면 먼저 담당 가수의 대기실을 파악하고 프로그램 스케줄 점검을 위해 '큐시트(그림 36)'를 확인한다. 큐시트는 프로그램의 처음부터 끝까지 진행 상황을 정리한 표이며 가수의 출연순서나 리허설 시간, 사전녹화, 본 방송 촬영 스케줄 등이 상세히 기록되어 있다.

배정된 대기실에 도착하면 준비한 의상을 정리하여

그림 36 큐시트

행거에 걸어둔다. 가수의 멤버가 많을 경우엔 찾기 쉽도록 옷걸이에 이름을 부착한다. 스카프나 큰 목걸이는 의상과 같이 걸어두고 신발은 근처에 놓아둔다. 작은 사이즈의 주얼리는 분실에 위험이 많으니 항상 주의해야 한다.

모든 프로그램은 본 방송 전 리허설(Rehearsal)을 한다. 리허설이란 예행연습을 말하며, 보통 드라이 리허설, 카메라 리허설, 사전녹화 순으로 이어진다. '드라이 리허설(Dry Rehearsal)'은 세트가 설치된 스튜디오에서 보통 무대 의상, 메이크업 등을 갖추지 않고 하는 것으로 음향, 동선, 진행내용 등을 연습해 보는 것을 말한다. '카메라 리허설(Camera Rehearsal)'은 녹화나 생방송 직전에 실제 방송되는 것과 똑같은 조건을 갖추고 가수와 카메라의 움직임 등을 점검하는 리허설이다. '사전녹화'는 생방송으로 진행되는 음악 방송에서 방송 특성상 다양한 콘셉트를 보여줄 수 없기 때문에 컴백 등 특이사항이 있는 몇몇 가수의 무대를 생방송과 다른 콘셉트로 미리 녹화해 놓았다가 편집하여 내보내는 것을 말한다.

스타일리스트는 리허설 하는 동안 가수의 무대의상을 점검하고 보완사항을 검토한다. 특히 카메라 리허설 중에는 모니터를 통해 의상의 색상과 무늬를 점검하고, 앞 출연자와 의상 색과 디자인이 중복되지 않는지, 조명 아래에서 의상 색이 가수의 피부색과도 잘 어울리는지를 살펴본다. 그리고 액세서리 착용이 노래를 부르는 데 불편함을 주지 않는지, 액세서리가 소음을 발생하지 않는지도 체크한다.

퍼포먼스나 댄스 등 무대 위 활동이 많은 가수는 리허설이나 녹화 중에 땀 등으로 인해 착장이나 헤어메이크업 상태가 흐트러질 수도 있으니 중간중간 철저히 점검해야 한다. 그냥 볼 때는 드러나지 않은 문제점이 카메라로 촬영할 때 보일 수도 있기 때문에 모든 스타일링은 모니터를 보면서 점검한다.

최근 음악방송은 가수가 라이브로 노래를 부르는 것이 추세이다. 가수는 함성과 소음이 많은 콘서트나 음악방송 현장에서 자기 목소리를 잘 듣고 제대로 노래를 부르기 위해 '인이어 모니터(In-Ear Monitor)(그림 37)'를 착용한다.

인이어 모니터의 크기는 일반적으로 99×66×23mm 정도이다. 인이어 주머니는 벨트 형태

그림 37 인이어 모니터

로 된 것도 있고 무대의상과 같은 원단으로 제작하여 무대의상에 직접 부착하기도 한다

그림 38 아리아나 그란데(Ariana Grande)

그림 39 비욘세(Beyonce)

(그림 38, 39). 댄스나 퍼포먼스가 많을 때는 인이어가 떨어지지 않게 단단히 고정해야 한다.

본 촬영을 위하여 가수가 무대에 입장하기 전, 마지막으로 의상 상태나 착용 상태를 점검해야 한다. 문제점이 있으면 미리 준비한 도구를 활용하여 즉석에서 빠르게 대처할 수 있어야 하기 때문에 사전에 '현장 가방'을 철저히 준비한다. 촬영 도중에도 지속해서 모니터링하고 재촬영이 있을 시 보완사항을 바로 수정해야 한다.

인이어 모니터 착용법

인이어 선이 쉽게 빠지지 않도록 귀 뒤로 넘긴다(그림 40).
선을 정리한 후 스킨 전용 테이프로 살에 고정시킨다(그림 41).
수신기와 전원선을 연결하고 선들은 길이에 맞게 조정한 후 인이어 주머니에 넣어 정리한다(그림 42).
착용 후 선이 당기거나 테이프 접착 부분에 불편함을 없는지 확인한다(그림 43).

그림 41

그림 40 보노(Bono)

그림 42

그림 43

현장가방(Stand By Bag)

'현장가방'은 스타일리스트가 촬영 현장에서 꼭 필요한 소품이나 도구를 담는 가방을 말한다. 일반적으로 어두운 컬러에 30cm 이내의 크기의 것이 좋다. 다양한 크기의 포켓과 덮개가 있으며 오염에 강하고 경량에 내구성이 견고한 것을 선택해야 활용도가 높다.

현장 활동에 필요한 도구로는 스팀다리미, 옷핀, 핀봉, 실, 바늘, 양면테이프, 손톱깎이, 스킨용 테이프, 쪽 가위, 가위, 집게, 먼지 제거기, 펜, 노트, 손거울, 물티슈, 얼룩 제거제, 보푸라기 제거기, 정전기 방지제, 응급처치 키트 등이 있다(그림 44).

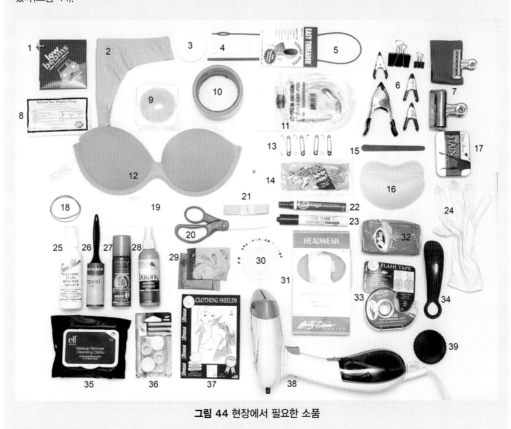

그림 44 현장에서 필요한 소품

(2) 사후정리

스타일링을 위해 제작, 구입, 대여한 물품들을 확인하고 영수증을 모아 정리한다. 반납을 해야 하는 물품은 손상, 오염된 것이 없는지 확인하고 원래의 상태로 복원한 후 약속한 날짜에 맞춰 반납한다.

방송 후에도 방송 모니터링과 착용 후 평가를 반영하여 무대의상의 부족한 점을 보완하여 다음 무대를 준비한다.

● 배우 스타일링

1. 한국 TV 드라마

드라마는 '행동하다, 나타내다'라는 뜻의 그리스어 Dran에서 유래하였다. TV 드라마는 현실을 재현하며 다양한 사람들의 삶을 간접적으로 체험할 수 있게 하며 많은 연령대의 관객층을 대상으로 하기 때문에 영화나 연극보다는 엄격한 소재, 윤리 등 도덕적 제한을 받는다.

국내 드라마는 1960년대 KBS, TBC, MBC가 개국과 함께 탄생하였다. 1970~1980년대 텔레비전 수상기가 대중화되면서 드라마가 시청자의 일상에 자리 잡게 되었다. 컬러 텔레비전 시대가 열리기 시작한 1981년~1991년대 TV 드라마는 규모 면에서 대형화되었고 1990년대 이후에는 미니시리즈가 크게 성장하였다. 1990년대 후반 MBC에서 방영한 '사랑이 뭐길래'가 1997년 중국의 국영 CCTV에서 반영되어 많은 이들의 관심을 불러일으키며 한류의 시작을 알렸다. 2000년 이후 한국의 드라마는 다양한 장르의 작품이 제작되었고, 2002년 KBS에서 방영한 '겨울연가', 2003년 MBC에서 방영되었던 '대장금'을 시작으로 많은 작품이 해외에서 성공하면서 한국의 TV 드라마는 한류의 주축이 되어 세계로 뻗어나가고 있다.

1) TV 드라마의 구성요소

TV 드라마의 구성요소에는 극본, 연출, 배우, 편성이 있다. '극본'은 영화의 시나리오와 동일한 의미로 TV 방송 드라마의 대본을 말하며, 모든 극적인 요소를 언어로 적은 글이다. 극본에는 작가의 의도와 주제, 줄거리, 인물, 무대조명, 무대배경, 화면의 효과가 적혀 있고 배우의 의상이나 동작, 표정 등까지 세밀하게 서술하기도 한다.

'연출'은 시나리오를 기반으로 드라마를 전체적으로 설계하고 여러 요소를 종합하여 창출하는 행위를 말한다.

'배우'는 연기자, 탤런트라고 하며 시나리오에 기술된 인물을 TV 드라마를 통해 관객들에게 실제로 보여준다. 작품의 작품성 외에 연기자의 인기와 연기 능력, 캐릭터 등에 의해 작품의 흥행과 평가가 결정되므로 연출자는 작품의 배역에 가장 잘 어울리는 연기자를 선택하기 위해 고민한다.

'편성'이란 목표로 하는 시청자를 최대한 자기 채널로 끌어들이기 위해 프로그램에 시간을 부여하는 행위를 말한다. 편성에는 시청층에 대한 분석과 예산의 안배 등을 고려한 편성 전략이 필요하며, 지상파의 경우 정기 개편과 필요에 의해 시행하는 수시 편성 등이 있다.

2) TV 드라마의 유형

(1) 방송시기에 따른 유형

① 일일연속극

매일 연속으로 방송되는 드라마로 가벼운 가족 드라마와 멜로 드라마 중심으로 구성된다. 주간연속극은 주간단위로 주 2회씩 방송되는 연속극으로 월화 드라마, 수목 드라마, 주말 드라마로 구분된다.

② 단막극

하나의 독립된 이야기가 1회로 완결되는 드라마이다. 이 외에도 연속적으로 출연하는 고정 배역이 있으나, 스토리가 연속되지 않고 매 회 하나의 이야기가 완결되는 형식의 '시추에이션(Situation) 드라마(그림 45)'와 주로 국경일이나 명절 등에 특별히 기획 제작되며 보통 한 회에 끝나는 형식인 '특집 드라마' 등이 포함된다.

그림 45 와이키키2

③ 미니시리즈

짧은 시리즈로 엮어진 드라마를 말한다(그림 46). 단막극과 일반연속극의 중간 형태이며 짧게는 3, 4회, 길게는 20회 또는 30회가 방영되기도 한다. 미니시리즈는 형식이 자유롭고 다양한 소재를 담을 수 있는 것이 특징이며, 횟수에 제한이 있어 줄거리의 진행 속도가 빠른 편이다.

그림 46 사이코지만 괜찮아

(2) 드라마 성격에 따른 유형

① 가족 드라마

가정을 중심으로 이야기가 엮어지며 가족 구성원들의 생활이 배경이 된다. 큰 갈등보다는 평범한 사람들이 겪는 건강한 삶을 그리는 드라마이다(그림 47).

그림 47 아는 건 별로 없지만 가족입니다

② 멜로 드라마

주로 연애를 주제로 한 이야기와 이에 동반되는 갈등을 소재로 한 드라마이다(그림 48).

그림 48 멜로가 체질

③ 트렌디 드라마

90년대 들어와 생긴 드라마 유형으로, 국내에서는 1992년 MBC에서 방영된 드라마 '질투'가 그 시작이다. 내용은 젊은 남녀의 사랑을 중심으로 가볍게 전개된다. 트렌드에 민감한 젊은 세대를 겨냥하기 때문에 감각적인 영상미로 극의 재미를 극대화한다(그림 49).

그림 49 태양의 후예

④ 역사극

그림 50 녹두전

크게 정통사극과 통속사극으로 구분된다. 정통사극은 역사를 바탕으로 약간의 픽션을 가미할 수 있으나 역사 자체를 왜곡시킬 수 없다. 통속사극은 역사를 단지 배경으로 사용하여 상상력에 의해 이야기가 구성된다(그림 50).

⑤ 경찰 드라마

범죄와 수사 관련 드라마로 범죄의 해결과정, 경찰의 일상 모습 등이 그려진다(그림 51).

⑥ 의학 드라마

병원에서 일어나는 사건, 의료인들의 직업적 갈등과 삶의 모습을 그리는 드라마이다. 인간의 생명을 다루기 때문에 긴장감

그림 51 모범 형사

260

과 흡인력이 있는 것이 특징이다(그림 52).

⑦ 법률 드라마

법률, 범죄사건 혹은 재판과정 등 법률과 관련된 내용을 소재로 한 드라마를 말한다(그림 53).

⑧ 전원 드라마

농촌이나 어촌 등을 배경으로 하는 드라마로 일상적 삶과 고뇌, 사랑과 갈등, 화합 등 순박하고 평범한 인물을 통해 현대의 농촌과 어촌 이미지를 재현한다(그림 54).

| 그림 52 낭만 닥터 김사부 | 그림 53 웰컴 2 라이프 | 그림 54 모던 파머 |

3) 드라마 제작과정

드라마의 제작과정은 크게 기획, 제작 준비, 촬영으로 진행된다. 기획 단계에서는 드라마의 길이와 회 수, 방송 개시일, 방송 시간대 등을 염두에 두고 기획을 한다. 기획이 끝난 상태에서 작가를 선정하거나 대본을 정해놓고 기획을 하는 경우도 있다.

제작 준비를 하기 위해 연출부가 구성되고 스태프가 결정된다. 촬영 장소 섭외와 출연자들이 결정되면, 출연자들을 위한 대사 연습용 대본과 방송용 콘티 대본이 나오게 된다.

촬영은 야외촬영과 스튜디오 촬영으로 구분되는데, 야외촬영은 인위적인 세트가 아닌 모든 곳에서 촬영하는 것이고 스튜디오 촬영은 스튜디오 안에 세트를 만들어 놓고 여러 대의 카메라로 촬영하는 것을 말한다. 연기자의 움직임을 정확히 예측하기 위해서 본 촬영 전 리허설이 실행된다.

2. 한국 영화

영화는 스크린 위에서 움직이는 영상과 음향으로 이루어진 예술을 일컬으며, 영화를 지칭하는 용어는 필름, 무비, 시네마, 모션 픽처, 무빙 픽처 등이 있다.

한국 영화는 1919년 10월 27일 서울 종로 단성사에서 상영된 연쇄극 '의리적 구토'로 시작되었다. 1960년대에는 서민층의 생활상을 반영한 멜로 드라마의 인기로 한국 영화의 황금기를 가져왔지만, 1970년대는 TV 보급과 유신정권의 검열로 불황기를 맞이하게 된다. 그 때문에 1970년대에는 손쉽게 관객을 사로잡을 수 있는 가벼운 내용의 영화들이 주를 이루게 되었다.

1980년대는 영화법의 개정으로 검열이 완화되면서 대담한 에로티시즘 영화가 등장하였다. 1987년 이후에는 민주화 물결을 배경으로 군부 독재 시절의 학생 운동 등 이전까지 금기시되었던 사회 문제들을 다룬 영화들이 본격적으로 만들어지기 시작했으며 또한 어린이 영화도 선풍적인 인기를 끌었다.

1990년대는 대기업의 영화산업 진입과 기획 영화 세대가 등장하면서 한국 영화산업은 조금씩 활기를 띠기 시작하였다. 1999년 '쉬리'의 히트 이후 점유율이 외화를 압도하는 시대를 열었고, 이때부터 천만 관객을 동원하는 영화들이 거의 매년 등장하기 시작하였다.

2000년대에 들어서면서 한국 영화가 본격적으로 흥행 가도를 달리기 시작하였고 해외 영화계의 주목을 받게 되었다.

1) 한국 영화 장르

(1) 판타지 영화

현실에는 있을 법하지 않은 줄거리에 공상이나 상상의 사건, 등장인물 등을 혼합하여 만든 영화다(그림 55). 공상 영화의 제작에는 일상생활과는 다른 신비로운 세계를 보여주기 위해 환상적인 색채나 분위기 등을 표현할 수 있는 영화적 기법이 동원된다.

(2) 공상과학영화

SF영화로도 불리며 과학이고 공상적 내용을 담은 영화를 말

그림 55 신과 함께

한다(그림 56). 일반적으로 미래가 배경이 되며, 미래의 인류 운명을 점치는 비현실적인 주제가 많다. 허구의 상상을 감각적이며 실감나는 영상으로 표현하기 위해 컴퓨터그래픽 등 특수한 효과와 정교한 장치가 필요하다.

그림 56 승리호

(3) 공포영화

그림 57 여고괴담

대부분 죽음, 영적인 세계, 과학, 우주, 정신 착란 등의 주제로 관객이 공포와 불안 전율을 느끼도록 의도한 영화다(그림 57). 공포영화는 우리 마음속에 불안을 야기하여 공포의 존재를 깨닫고 두려워하게 만든다.

(4) 멜로 드라마 영화

애정 관계를 다룬 모든 영화를 말하며 '로맨틱 영화'라고도 한다(그림 58). 여성 관객들을 겨냥해 화려한 세트와 분장, 미남 미녀 배우들, 성과 육체, 애절한 사랑 이야기 등을 담고 있다.

그림 58 지금 만나러 갑니다

(5) 액션 영화

'활극 영화'라고도 하며 물리적 폭력성이 이야기의 중요한 요소가 된다. 기본적으로 선과 악의 이분법으로 구분되며, 종종 정의가 악을 무찔러 사건을 해결한다는 권선징악의 이야기를 다루기도 한다(그림 59).

(6) 희극 영화

일반적으로 웃음을 유발하는 모든 영화를 말한다(그림 60). 익살스러운 행동이 영화의 기본 내용이며 배

그림 59 엑시트

그림 60 정직한 후보

역의 내면과 외적 특성, 벌어지는 상황을 재미있고, 과장되게 표현한다. 대부분 관객을 즐겁게 만드는 가벼운 이야기가 주를 이룬다.

(7) 역사 영화

역사적인 사건이나 인물을 다룬 영화의 총칭이다(그림 61). 역사적인 사건을 소재로 한 시대와 그 시대에 실제로 일어난 일을 보여준다. 고증을 통하여 시대의 풍속과 무대를 재현하며 당시 사람들의 일상생활을 묘사하기도 한다. 사실을 반영하지 않아도 역사적 배경을 테마로 한 영화를 포함하는 경우도 있다.

그림 61 명량

(8) 뮤지컬 영화

노래와 춤을 중심으로 구성된 영화로 배우가 노래로 이야기를 표현하는 형식이다(그림 62). 뮤지컬 영화는 오락 영화의 가장 중요한 장르이며 시대의 흐름에 따라 새로운 예술적 표현법으로 진화하고 있다.

그림 62 인생은 아름다워

2) 영화 제작과정

(1) 프리프로덕션(Pre-Production)

촬영을 위한 준비단계로 작품 선택과 배우 섭외, 스태프 구성, 장소 헌팅 제작방향 설정, 배급방식 결정 등 영화가 완성되기까지 전체적인 계획단계를 말한다. 프리프로덕션에서는 영화의 제반적 문제점을 미리 파악하고 대처할 세부적인 사항들까지 준비해야 하는데, 최소한의 경제적 손실과 합리적인 촬영 진행을 위해 다양한 가능성에 대비한 준비를 해야 한다.

(2) 프로덕션(Production)

본 촬영을 말하며 크게 촬영과 보충 촬영으로 나눌 수 있다. 일반적으로 프리프로덕션에서 계획했던 스케줄대로 촬영하는 것이 '본 촬영'이며, 전체 영화 촬영 분량의 대부분을 이 기간에 찍는다.

'보충 촬영'은 본 촬영이 끝나고 난 뒤 예상치 못한 일로 재촬영이 필요할 때 다시 촬영하는 것을 말한다. 때에 따라 본 촬영이 이루어지는 동안 다른 곳으로 촬영 팀을 보내 필요한 장면을 찍어 오는 것을 의미하기도 한다. 프로덕션 기간 중 가장 중요한 일은 모든 스태프와 배우들 사이의 원활한 소통으로 촬영에 지장이 없도록 해야 하는 일이다.

(3) 포스트프로덕션(Post-Production)

촬영이 끝난 후 영화를 완성하는 단계로 '후반 작업'이라고도 부른다. 영상 편집, 색 보정, 음악과 음향의 추가, 시각적 특수효과, 상영용 필름 프린트 제작 등을 모두 포함하는 과정이며 완성되기까지 몇 달이 걸릴 수도 있으며 실제적인 영화 촬영보다 더 오랜 기간이 걸리기도 한다. 포스트프로덕션을 통해 영화의 의도를 변경할 수도 있기 때문에 '제2의 연출'이라고도 한다.

3. 배우 스타일링 프로세스

1) 시나리오(Scenario) 분석

시나리오는 극의 주제와 이야기, 등장인물의 성격 등 극을 이루는 모든 요소가 포함된 글로 된 대본을 말한다. 극본은 시나리오와 동일한 의미로 쓰이며 TV 방송 드라마의 대본을 의미한다. 모든 드라마적인 요소를 적은 글로 주제와 줄거리는 물론 인물과 무대조명, 무대배경, 화면의 효과가 서술되어 있다. 배우의 의상이나 동작, 표정 등이 자세히 적혀 있기도 하다.

시나리오는 대사, 지문, 장면표시, 내레이션(Narration) 등으로 구성되어 있다. '대사'는 등장인물이 주고받는 말을 의미하고 '지문'은 인물의 행동·심리·공간 등을 묘사하는 지시문으로 크게 '신(Scene) 지문'과 '인물 지문'으로 나뉜다. '장면표시'는 장면 단위를 뜻하며 S#1, S#2 또는 신1, 신2로 표시되기도 한다. '내레이션'은 독백, 해설이라는 뜻으로, 화면에 나타나지 않은 상태에서 줄거리 등을 등장인물이 설명하는 방식이 대부분이다.

시나리오는 완성되기 전, 전체적인 줄거리와 윤곽을 정리한 '시놉시스(Synopsis)'와 시놉시스가 발전한 단계로 보다 구체적으로 서술한 형태인 '트리트먼트(Treatment)'를 거친다. 스타일리스트는 시놉시스 단계에서 스타일링을 기획하기도 한다.

스타일리스트는 시나리오를 반복하여 읽는 과정을 통해 극을 완벽히 파악해야 한다. 시나리오 분석을 위해서 처음에는 대사보다 줄거리에 초점을 맞춰서 읽는 것이 극 전체를 이해하는 데 도움이 된다. 서론, 본론, 결론에 따라 작품을 분석하고, 각 부분은 또 작은 장면으로 구분하여 작가가 작품을 쓰면서 전달하고 싶어 하는 메시지와 연출가의 의도를 파악한다. 주제와 연계해서 주제를 부각하기 위하여 각 장면이 존재하는 이유를 생각해본다. 대부분의 시나리오에는 크고 작은 사건들이 포함되어 있는데 이야기 속 사건들을 이해하면 전체 줄거리를 정리하는 데 많은 도움이 된다. 이렇게 정리된 내용을 육하원칙에 따라 10줄 내외로 간단·명확하게 정리해 본다.

시나리어 용어

Bird's Eye View	새가 하늘에서 내려다보듯이 높은 곳에서 내려다보는 것
Bust	상반신의 화면
Cast	배역
C.B(Cut Back)	다른 화면을 번갈아 대조시키는 것
Crank In	촬영 개시
Crank Up	촬영 완료
C.S(Close Shot)	조절 거리
C.U.(Close Up)	어떤 특정 부분을 강조하기 위해 크게 확대해 찍는 것
Cut	촬영된 필름의 단편
D.E(Double Exposure)	두 화면이 포개어지는 것(심리 묘사나 회상 등에 쓰임)
Double Role	일인 이역
Director	연출자, 감독
E.(Effect)	효과음. 주로 화면 밖에서의 음향이나 대사에 의한 효과
Extra	많은 인원을 필요로 할 때에 동원되는 임시 출연자들
F.I.(Fade In)	어두운 화면이 점점 밝아지는 것
F.O.(Fade Out)	밝은 화면이 점점 어두워지는 것
F.S(Full Scene)	전체의 장면을 화면 위에 다 나타내는 것
I.I(Iris In)	화면 속의 임의의 한 점을 원형으로 확대시키면서 화면을 나타내는 것
Ins.(Insert)	화면과 화면 사이에 다른 화면을 끼워 넣는 것
I.O(Iris.Out)	화면이 천천히 닫히는 것
Kinodrama	연극과 영화를 연결시킨 극
L.S(Long Shot)	먼 거리에서 찍음. 원경
Location	옥외 촬영, 야외 촬영
M(Music)	효과 음악
Miniature	특수촬영의 모형
Mob Scene	군중이 보이는 장면
Monologue	독백
Montage	여러 장면을 적절히 떼어 붙여서 새로운 장면을 만드는 것

(계속)

Moving Shot	이동 촬영
NAR.(Narration,N)	화면 밖에서 들리는 설명 형식의 대사
N.G(No Good)	촬영 때 잘못되어 못 쓰게 된 필름을 가리킴
Narratage	드라마의 줄거리가 진행되는 도중에 과거를 회상하는 형식의 장면
O.L.(Over Lap)	한 화면에 다른 화면을 겹쳐서 장면을 전환하는 것
Omnibus	영화에서 여러 작품을 한데 모은 것
PAN(Panning)	카메라를 상하 좌우로 이동하는 것
P.U(Pan Up)	카메라만 위로 움직여 촬영하는 것
P.D(Pan Down)	카메라만 아래로 움직여 촬영하는 것
S#(Scene Number)	장면 번호
Screen Process	영사막 뒤에서 미리 촬영한 배경 영상을 투사하고 그 앞에서 연기하는 배우를 촬영하여 실제의 배경에서 연기하는 것처럼 보이게 하는 화면 합성기법
Sequence	여러 가지 신들이 모여 하나의 이야기를 나타내는 것
Staff	제작진
Stand-In	승마, 곡예 등에 쓰이는 대역
Super Impose	두 개 이상의 화면을 중첩시켜 단일 프레임에 동시에 나타나게 하는 기법
Synchronization	화면에 따라 음성을 동시에 녹음하는 것. 동시녹음
T.B(Track Back)	피사체에서 후퇴하면서 하는 촬영
Title Back	자막의 배경이 되는 그림이나 장면
T.U(Track Up)	피사체를 향해 카메라가 전진하면서 촬영하는 것
W.O(Wipe Out)	화면의 일부를 닦아 내듯이 없애고 다른 화면을 나타내는 기법

2) 인물관계도 작성

'인물 관계도(그림 63)'란 인물을 배치하고 그들의 우호적 또는 적대적 사람과의 관계를 색이나 선을 통해 표시한 그림이다. 시나리오 내용 안에 있는 조직을 구분하여 정리하고 조직 내에서 중심이 되는 인물을 중심으로 관계도를 그리거나 또는 갈등 관계의 사람들을 구분 짓고 각 갈등의 핵심적 인물 중심으로 각 인물의 관계와 특징을 정리한다. 관계도 안의 각 연기자 사진에는 극 중 배역 이름을 기입하고 필요에 따라 인물의 역할, 직책과 성격 등 부가설명을 첨가한다.

3) 캐릭터(Character) 분석

캐릭터는 TV 드라마, 영화 속에서 배역의 이미지를 표현하기 위하여 만들어진 '등장인물'을 말한다. 캐릭터는 극 속의 사건 의미와 실체를 파악하게 하며 작가의 생각을 대변

그림 63 인물관계도

하고 관객의 이해를 돕는 해설자 역할을 한다. 캐릭터를 분석하는 작업은 스타일링 콘셉트를 구상하기 위해 가장 기본이 되는 작업이므로 캐릭터 콘셉트 창안을 위해서는 대본 전체를 충분히 이해하고 극 중 등장인물의 특징을 정확히 분석한다.

의상 콘셉트를 기획하기 위해서는 개인적 경험을 떠올려 보거나 실제 캐릭터와 비슷한 사람이나 집단을 관찰하는 것도 좋은 방법이다.

4) 콘셉트(Concept) 기획

분석된 내용을 바탕으로 의상 콘셉트를 기획한다. 콘셉트를 구체화하기 위해 시나리오와 캐릭터 분석 과정에서 연상되었던 형용사, 명사 단어들을 모아 정리하고 테마를 결정한 후 이것들을 시각 이미지로 전환해 구체적이고 상세하게 설명을 할 수 있는 '이미지 맵(그림 64)'을 작성한다. 이때 시각 이미지는 콘셉트를 가장 잘 보여주는 것이어야 하며 많은 양의 이미지보다는 적더라도 정확한 이미지로 표현해야 한다.

그림 64 이미지맵

5) 테마(Thema) 기획

콘셉트가 설정되면 이를 반영한 테마를 기획한다. 테마는 캐릭터를 대표하는 요소이며, 컬러기획, 소재기획, 스타일 및 실루엣 기획을 모두 연결하여 하나의 통합된 이미지로 표현하고 전체 요소가 일관성을 유지할 수 있도록 항상 신경을 써야 한다.

(1) 정적인 이미지

일상의 자연스러움과 순수함을 추구하는 이미지가 포함된다(그림 65).

(2) 여성적인 이미지

섬세하고 부드러우며 여자다움을 표현한 페미닌 이미지와 귀엽고 사랑스러우며 소녀 취향을 느끼게 하는 로맨틱 이미지(그림 66), 섹스어

그림 65 지금 만나러 갑니다 **그림 66 부암동 복수자들**

필을 추구하는 섹시 이미지 등이 포함된다.

(3) 보수적인 이미지

우아함, 고상함, 단정함 등 품위를 지향하는 엘레강스 이미지와 유행에 좌우되지 않는 귀족적이며 중후한 느낌의 클래식 이미지, 보수적, 소극적인 경향의 컨서버티브(Conservative) 이미지(그림 67) 등이 포함되며, 고위층의 직위와 역할이 어울리는 침착하고 중후한 분위기의 이그제큐티브룩(Executive Look)도 포함된다.

그림 67 보좌관

(4) 현대적인 이미지

패션 감각이 뛰어난 도회적인 느낌의 컨템포러리(Con-temporary) 이미지, 어른스러

운 감각과 도시적인 세련미를 표현하는 소피스티케이티드 (Sophisticated) 이미지(그림 68), 하이테크(High tech)한 분위기를 기본 바탕으로 진취적이고 개성적인 모던 이미지, 이성적이고 도시적이며 고급스러운 시크 이미지가 포함된다.

그림 68 미스티

(5) 에스닉(Ethnic) 이미지

이국적인 분위기가 넘치는 엑소틱(Exotic) 이미지(그림 69), 민속 특유의 양식이나 민속풍을 표현하는 에스닉 이미지(그림 70), 남국과 열대 지방의 특유한 식물의 잎이나 꽃무늬를 모티브로 하는 트로피컬(Tropical) 이미지가 포함된다.

그림 69 아스날 연대기

그림 70 철인왕후

(6) 레트로 이미지

과거의 것을 재조명하거나 재창조하는 것으로 한국의 근현대사를 주제로 한 이미지가 많다. 최근 1980~1990년대를 배경으로 한 작품이 많아지는 추세이다(그림 71).

(7) 남성적인 이미지

활동성과 건강미를 추구하는 이미지로, 남성적인 복장에 여자다운 감각을 첨가한 매니시(Mannish) 이미지와 남성과 여성의 구별이 없도록 연출하는 유니섹스(Unisex) 이미지(그림 72), 남성의 테일러드 슈트, 예복 등으로 연출한 댄디(Dandy)

그림 71 응답하라 1994

이미지(그림 73)가 포함된다.

그림 72 빙의   그림 73 커피프린스 1호점

(8) 동적인 이미지

스포츠의 활동성과 기능성을 표현하고 밝고 건강함을 추구하는 스포티브(Sportive) 이미지와 강렬하고 동적인 느낌의 액티브(Active) 이미지, 고루하지 않고 자유분방한 분위기와 밝고 건강하고 활동적인 캐주얼(Casual) 이미지(그림 74) 등이 있다.

그림 74 런온

6) 아이템(Item) 기획

테마와 콘셉트가 정해졌다면 다음은 테마 안에서 인물의 캐릭터를 명확히 보여줄 수 있는 의상 아이템을 구상한다. 의상 아이템은 캐릭터의 특성에 맞는 대표 스타일을 설정하고 디자인, 실루엣, 포인트 요소 등을 일관되게 표현해야 한다(그림 75).

그림 75 아이템 기획

271

7) 컬러(Color) 기획

컬러는 의상에 있어서 다른 시각적 요소들보다 가장 먼저 시선을 끌며 감정에 영향을 미친다. 컬러가 가지는 상징성과 색상, 명도, 채도를 염두에 둔 색의 배치를 통해 캐릭터의 특징을 보여줄 수 있다. 또한 컬러의 농담을 활용해 시간과 심리의 변화를 표현할 수 있으며, 일관된 컬러 톤으로 극의 분위기를 전달하기도 한다.

'메인 컬러(Main Color)'는 패션 테마로부터 연상되는 이미지를 표현할 때 중심이 되는 컬러를 말한다. 주로 콘셉트가 강하게 연상되는 컬러를 메인 컬러로 사용한다.

'서브 컬러(Sub Color)'는 보조하는 배색 개념의 색상을 의미하며 컬러의 적절한 배색으로 의상의 다양한 변화를 유도할 수 있다.

'포인트 컬러(Point Color)'는 트렌드를 가장 많이 반영하는 컬러로 '악센트 컬러(Accent Color)'라고도 한다. 가장 적은 비중으로 사용되지만, 변화와 강조를 표현할 수 있다.

의상 컬러를 선택할 때는 각 컬러가 상징하는 심리와 컬러가 가지고 있는 고유한 느낌을 먼저 파악하고 이를 활용하여 캐릭터마다 특정한 컬러, 이유 있는 컬러를 부여한다.

컬러는 단독으로 있을 때보다 배색을 통해 감정을 강하게 표현하고 전달할 수 있다. 인물과 인물 간의 배합을 고려하여 다양한 배색을 디자인하고 전체 콘셉트 범위에서 컬러를 결정한다. 또한, 캐릭터 간의 관계, 인물이 속한 공간의 컬러, 극의 상황에 따른 인물의 감정을 고려하여 컬러를 기획한다(그림 76).

8) 의상 연결표 제작

촬영 현장에서는 장소나 시간 등 다양한 제약으로 인해 같은 장소에서 여러 신을 몰아서 촬영하는 경우가 많으며 시나리오의 신 번호 순서대로 촬영을 진행하는 경우는 드물다. 그렇기 때문에 의상 연결을 정확히 파악하지 못하면 같은 의상이 나와야 하는 장면에서 배우가 다른 의상을 착용하고 등장하는 등 복장이 튀거나 하는 불상사가 발생할 수 있다.

스타일리스트는 수시로 촬영 스케줄을 파

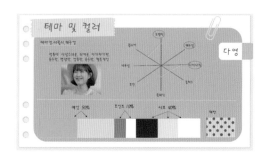

그림 76 테마 및 컬러 기획

악하고 각 촬영에 필요한 의상을 점검해야 한다. 한번 촬영된 복장은 다음에 연결되는 신이 있는지 꼼꼼히 체크해야 하는데 이런 작업을 원활하게 하기 위해서 제작하는 것이 바로 '의상 연결표'이다.

의상 연결표는 등장인물별로 실내복과 실외복, 소품으로 나눠 작성한다. 의상의 구성란에는 한 벌로 스타일링 된 전체 복장, 예를 들어 외출복이라면 신발을 포함하여 착장하는 모든 아이템을 적는다. 그리고 구성된 의상은 특징을 적어 구분하기 쉽게 한다.

구성된 각 의상은 신 번호를 빠짐없이 적고 비고란에는 특이사항을 작성한다. 이렇게 의상과 해당 신을 모두 정리하면 드라마 전체에 필요한 의상 벌 수를 쉽게 가늠할 수 있다. 의상 연결표에 착장할 의상 사진, 착용한 의상 사진을 첨부하고 협찬사, 특이사항 등을 적어두면 의상의 진행 과정을 더 쉽게 파악할 수 있다(그림 77, 78).

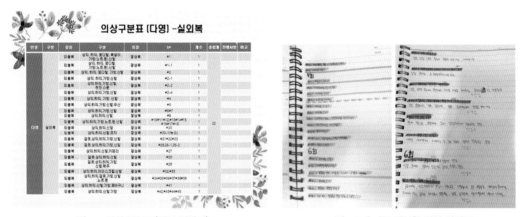

그림 77 의상 구분표(의상 연결표)　　　　　　**그림 78 수기로 작성한 의상 연결표**

9) 의상 협찬

배우 스타일리스트가 의상을 수급하는 방법 중 가장 많이 선호되는 것은 패션 홍보대행사나 브랜드 본사에서 협찬을 받는 방법이다. 협찬은 홍보대행사(협찬사)마다 협찬 조건과 기준이 다르므로 사전에 가능 여부와 조건을 꼼꼼히 확인하고 진행해야 한다.

홍보대행사에 방문할 때는 옷을 담고 손쉽게 이동할 수 있는 가방을 미리 준비한다. 옷걸이도 미리 준비해 두면 차로 이동 시 걸어두기 쉽고 의상의 형태를 보존하는 데 도움이 된다.

'협찬의뢰서'를 요구하는 업체가 있을 때는 협찬의뢰서를 미리 보내어 허가를 구한다. 협찬의뢰서는 특별한 양식은 없으며 간략하게 적는 게 일반적이다.

인기 있고 이미지가 좋은 연예인일수록 홍보 효과가 높아 협찬받기가 수월하나, 인지도가 없어도 브랜드와 이미지가 잘 어울리거나 역할이 어우러지면 협찬이 가능할 수 있으므로 스타일리스트가 협찬사 담당자에게 원하는 스타일, 연예인 이미지, 노출되는 매체 등을 정확히 전달해야 한다.

홍보대행사에 도착하면 각 브랜드 담당자를 호출해 협찬 허가를 받은 후 홍보대행사에 비치된 의상이나 액세서리 중 필요한 상품을 선택한다. 대부분 브랜드별로 각각 다른 행거에 의상이 걸려 있으며(그림 79), 행거 앞에는 브랜드명이 부착되어 있다.

그림 79 홍보대행사 ㈜예컴 애드

의상이 이미 협찬 되었거나 아직 입고가 안돼서 물품이 없는 경우, 주얼리같이 고가의 물품, 또는 크기가 작아 분실 위험 등으로 실물을 보여주기 힘든 경우엔 미리 상품을 찍어 놓은 룩북(Look Book)을 보며 협찬 물품을 선택하기도 한다.

선택한 의상과 액세서리는 각 홍보대행사 협찬 양식에 따라 기재한다. 일반적으로 협찬일, 반납일, 프로그램명과 매체명, 연예인 이름, 스타일리스트 이름과 연락처, 협찬받을 물품의 품번, 컬러, 사이즈, 제품명 등을 적는다(그림 80).

그림 80 협찬 양식

협찬 받을 상품에 하자나 손상이 있는지 협찬 받는 순간 바로 확인하고 잘못된 부분이 있을 시 즉시 담당자에게 상태를 확인시키고 사진으로도 남겨 놓는다.

협찬 받은 상품은 물적 재산이므로 훼손이나 오염, 손상, 분실을 특히 조심해야 한다. 협찬 받은 물품을 홍보대행사별로 묶어 사진을 찍어 놓으면 반납할 때 혼동을 줄이고 작업이 쉬워진다.

협찬을 마치고 의상을 반납할 때는 반드시 협찬 장부에 반납이 완료되었음이 표시되었는지 확인(그림 81)해야 하며 사진을 찍어서 남겨 놓아 혹시 생길지도 모르는 오해의 상황 등을 대비해야 한다.

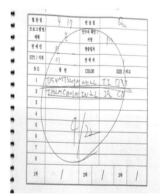

그림 81 완납 표시

반납일은 반드시 준수해야 하며 연예인의 의상 착용 사진을 홍보대행사에 보내주어 차후 협찬을 위해 신뢰와 유대관계가 유지될 수 있도록 노력해야 한다.

10) 캐릭터 스타일링

캐릭터 스타일링은 콘셉트와 테마에 맞게 협찬 등으로 구비한 의상과 액세서리를 코디네이션하고 헤어 메이크업을 조합하여 완성한다. 또한 전체 스타일링의 균형과 불균형을 계획하고 색 조합, 질감 조합, 무늬 조합, 소품 조합, 장식 조합을 걸친 의상 조합 과정을 거친다.

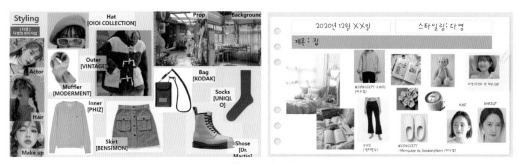

그림 82 스타일링 맵

11) 리허설 및 촬영

촬영 전 리허설을 통해 각 등장인물들의 컬러, 스타일, 아이템이 반복되거나 중복되지 않도록 조절한다. 의상과 액세서리, 헤어스타일 착장 방법 등을 철저히 기록하여 의상 연결이 자연스럽게 진행될 수 있도록 준비해야 한다.

촬영하는 장소의 배경 컬러를 미리 체크하여 연기자의 의상 컬러가 배경색에 묻히지는 않는지도 확인한다.

드라마 상황에 따른 연기자의 심리를 이해하고 의상의 컬러, 스타일 등이 상황에 따라 적절히 보일 수 있도록 연출한다. 또한 TV 모니터에 재현되는 의상의 색과 무늬가 안정적으로 표현될 수 있도록 의상 소재의 패턴과 컬러, 광택의 유무를 체크한다.

그림 출처

(그림 2) EXO

https://commons.wikimedia.org/wiki/File:Korea_
KPOP_World_Festival_36.jpg

(그림 3) 성시경

https://upload.wikimedia.org/wikipedia/commons/
9/9c/Sung_Si-kyung_in_March_2011_from_acrofan.
jpg

(그림 4) 엔플라잉(N.Flying)

https://upload.wikimedia.org/wikipedia/commons/
6/60/N.flying.jpg

(그림 5) 서태지와 아이들

https://upload.wikimedia.org/wikipedia/vi/6/6a/Seo_
Taiji_and_Boys.png

(그림 6) DJ DOC

https://ko.wikipedia.org/wiki/DJ_DOC#/media/%ED%
8C%8C%EC%9D%BC:DJ_DOC_@_Cyworld_Dream_
Music_Festival_%EC%8B%B8%EC%9D%B4%EC%9
B%94%EB%93%9C_%EB%93%9C%EB%A6%BC_%E
B%AE%A4%EC%A7%81_%ED%8E%98%EC%8A%A4
%ED%8B%B0%EB%B2%8C_42.jpg

(그림 7) 버벌진트

https://upload.wikimedia.org/wikipedia/commons/c/c6/
Verbal_Jint_-_%EA%B8%B0%EB%A6%84%EA%B0%9
9%EC%9D%80%EA%B1%B8_%EB%81%BC%EC%96%
B9%EB%82%98.jpg

(그림 8) 다이나믹 듀오

https://upload.wikimedia.org/wikipedia/commons/thumb/
c/c5/Interview_with_Dynamic_Duo_for_Koreanews.fr_
at_MIDEM_festival_2014_5s.jpg/1024px-Interview_with_
Dynamic_Duo_for_Koreanews.fr_at_MIDEM_festival_
2014_5s.jpg

(그림 9) 솔리드

https://upload.wikimedia.org/wikipedia/commons/
thumb/d/d4/Solid_in_June_1995.png/1024px-Solid_
in_June_1995.png

(그림 10) 박효신

https://upload.wikimedia.org/wikipedia/commons/c/
cb/Park_Hyo-Shin.jpg

(그림 11) 태진아

https://upload.wikimedia.org/wikipedia/commons/
thumb/7/78/Tae_Jin-Ah.jpg/640px-Tae_Jin-Ah.
jpg?1624021630593

(그림 12) 영탁

https://upload.wikimedia.org/wikipedia/commons/a/
a4/Ehs8NayU8AANd0h.jpg

(그림 13) EXID(섹시 콘셉트)

https://en.wikipedia.org/wiki/EXID#/media/File:
141211_EXID_%EB%8D%94_in_%EC%B
D%94%EC%97%91%EC%8A%A4_%EC%95%BC%EC
%99%B8%EB%AC%B4%8C%80.jpg

(그림 14) 2PM

https://upload.wikimedia.org/wikipedia/commons/
thumb/2/23/2PM%2Ca_Korean_boy_band_-_586534
6497_%28cropped%29.jpg/1024px-2PM%2Ca_Korean_
boy_band_-_5865346497_%28cropped%29.jpg

(그림 15) EXO

https://upload.wikimedia.org/wikipedia/commons/
2/22/Korea_KPOP_World_Festival_13.jpg

(그림 16) 에이프릴(April)

https://en.wikipedia.org/wiki/April_(girl_group)#/
media/File:150825._%EC%97%90%EC%9D%B4%ED
%94%84%EB%A6%B4_%EC%87%BC%EC%BC%80%
EC%9D%B4%EC%8A%A4._(1).jpg

(그림 17) 원더걸스(Wonder Girls)

https://upload.wikimedia.org/wikipedia/commons/b/
bf/Wonder_Girls-2008_BICHE_02.jpg

(그림 18) 티아라(T-ARA)

https://www.flickr.com/photos/phploveme/5968953796

(그림 19) 오렌지캬라멜(Orange Caramel)

https://upload.wikimedia.org/wikipedia/commons/
8/87/101229_sbs가요대전-오렌지카라멜_%282%29.jpg

(그림 20) 위키미키(Weki Meki)

https://upload.wikimedia.org/wikipedia/commons/9/9
e/09%EC%9B%94_26%EC%9D%BC_%EB%AE%A4%
EC%BD%98_%EC%87%BC%EC%BC%80%EC%9D%
B4%EC%8A%A4_MUCON_Showcase_%2878%29.jpg

(그림 21) 투애니원(2NE1)

https://www.flickr.com/photos/v_3pie/5872645963

(그림 22) BTS 지민

https://upload.wikimedia.org/wikipedia/commons/a/
　a0/Park_Ji-min_at_The_Wings_Tour_in_Newark_02.
　jpg

(그림 23) EXID

https://zh.wikipedia.org/wiki/EXID#/media/File:160714_%
　EC%BD%94%EC%97%91%EC%8A%A4_%EA%B3%B5
　%EA%B0%9C%EB%B0%A9%EC%86%A1_EXID_%EC%
　A7%81%EC%BA%A0_LIE_%ED%86%A0%ED%81%AC_
　%EC%A1%B0%EC%9C%A4%ED%9D%AC%EC%9D%9
　8_%EB%B3%BC%EB%A5%A8%EC%9D%84_%EB%86
　%92%EC%97%AC%EC%9A%94_(4m_59s).jpg

(그림 24) 각자 개성형의 빅뱅(BIGBANG)

https://www.flickr.com/photos/138594642@N05/32062448630
　/in/photolist-SRekYP-RL3c4N-SYXd9Q-SRem3g-
　SYXd5w-SRekTD-SYXd7W-RL3c8q-9b2Sj9-2kabHum-
　2h6NkMn-RL3bQw-SYXcUS-SYXd3C-SYXcZS-SYXcS
　N-SYXcU1-SYXcW5-SYXcZ1-SYXcXs-SRekPk-2h6Pdj
　A-SYXcWq-2jB9uTU-2jB9v7V-2jB5Zpb-2jBaiXV-FPh5Z
　c-FPh5fX-FPh5u4-FPh6ng-YFc2u3-YFc2Db-QRfqWs-
　FPh6iP-FPh664-2jebm2L-2j1Rt3E-dy6jiG-dxZQXa-dx
　ZR4B-2jBajoz-2jB5Zjw-2jB9vd6-2jBajgW-2jBajr5-
　2jB5ZbA-YFc2hj-2jWoZGD-5vYXJC

(그림 25) 전체 통일형의 있지(ITZY)

https://en.wikipedia.org/wiki/Itzy#/media/File:%EC%9
　E%88%EC%A7%80_(ITZY)_2019_MGMA_%EB%A0%88
　%EB%93%9C%EC%B9%B4%ED%8E%AB_%EC%98%
　81%EC%83%81_@190801_(1).png

(그림 27) 체리블렛(Cherry Bullet)

https://en.wikipedia.org/wiki/Cherry_Bullet#/media/Fil
　e:190604_%EC%B2%B4%EB%A6%AC%EB%B8%94%E
　B%A0%9B(Cherry_Bullet)_tbs_%ED%8C%A9%ED%8
　A%B8%EC%9D%8C%EC%8A%A4%ED%83%80_%ED
　%8F%AC%ED%86%A0%ED%83%80%EC%9E%84.png

(그림 29) 씨엘씨(CLC)

https://upload.wikimedia.org/wikipedia/commons/
　9/9e/160903_CLC_Asia_Music_Stage.jpg

(그림 31) BLACKPINK(블랙핑크)

https://upload.wikimedia.org/wikipedia/commons/thum
　b/2/2a/20161119_%EB%B8%94%EB%9E%99%ED%95%
　91%ED%81%AC_%EB%A9%9C%EB%A1%A0%EB%AE
　%A4%EC%A7%81%EC%96%B4%EC%9B%8C%EB%93

%9C_%281%29.jpg/1024px-20161119_%EB%B8%94%EB
　%9E%99%ED%95%91%ED%81%AC_%EB%A9%9C%EB
　%A1%A0%EB%AE%A4%EC%A7%81%EC%96%B4%EC
　%9B%8C%EB%93%9C_%281%29.jpg

(그림 33) 오마이걸(OH MY GIRL)

https://upload.wikimedia.org/wikipedia/commons/thum
　b/7/7a/20160702_%EC%98%A4%EB%A7%88%EC%9D
　%B4%EA%B1%B8_%EB%AF%B8%EB%9D%BC%ED%
　81%B4_%EB%8D%B0%EC%9D%B4_%EB%8B%A8%E
　C%B2%B4.jpg/800px-20160702_%EC%98%A4%EB%A7
　%88%EC%9D%B4%EA%B1%B8_%EB%AF%B8%EB%9
　D%BC%ED%81%B4_%EB%8D%B0%EC%9D%B4_%EB
　%8B%A8%EC%B2%B4.jpg

(그림 34) 도식화

장안대학교 스타일리스트과 자료

(그림 35) 스타일링 맵

장안대학교 스타일리스트과 자료

(그림 36) 큐시트

이익희 외 6인, 방송리허설(LM0803020116_16v2), p24, 교육
　부, 2018

(그림 37) 인이어 모니터

https://upload.wikimedia.org/wikipedia/commons/
　4/4b/IEM_Receiver_Packs.jpg

(그림 38) 아리아나 그란데(Ariana Grande)

https://www.flickr.com/photos/disneyabc/22861974539

(그림 39) 비욘세(Beyonce)

https://en.wikipedia.org/wiki/Wikipedia:WikiProject_
　Jennifer_Lopez/Sandbox/Impact#/media/File:
　Jennifer_Lopez_-_Pop_Music_Festival_(24).jpg

(그림 40) 보노(Bono)

https://pixabay.com/ko/photos/paul-%EB%8D%B0%
　EC%9D%B4%EB%B9%84%EB%93%9C-
　hewson-434928

(그림 44) 현장에서 필요한 소품

https://images.squarespace-cdn.com/content/v1/555
　ff64be4b0924f5e159d87/1443674340536-
　BD3NR3WS5LWCQF9VDQQK/ke17ZwdGBT
　oddI8pDm48kOejy2U2OyL_hYCGI0BgC6R7gQa3H78
　H3Y0txjaiv_0fDoOvxcdMmMKkDsyUqMSsMWxHk72
　5yiiHCCLfrh8O1z4YTzHvnKhyp6Da-NYroOW3ZGjoB
　Ky3azqku80C789I0hHMyhlh2kKzuOL3ydJCryAPsCS
　DAtpZSRMeUEwSkzMM_66v1h5HGmCIMR4Sd_

vBXQ/Irina_Chernyak-Fashio_Stylist_tools-
Stylist_kit_Pro?format=750w

(그림 45) 와이키키2

https://zh.wikipedia.org/wiki/%E5%8A%A0%E6%B2%
B9%E5%90%A7%E5%A8%81%E5%9F%BA%E5%9F%
BA2#/media/File:Eulachacha_Waikiki_2.png

(그림 46) 사이코지만 괜찮아

https://namu.wiki/w/%ED%8C%8C%EC%9D%BC:%EC
%82%AC%EC%9D%B4%EC%BD%94%EC%A7%80%E
B%A7%8C%20%EA%B4%9C%EC%B0%AE%EC%95
%84%20%EC%BA%90%EB%A6%AD%ED%84%B0%20
%ED%8F%AC%EC%8A%A4%ED%84%B0(1).jpg

(그림 47) 아는 건 별로 없지만 가족입니다

https://namu.wiki/w/%ED%8C%8C%EC%9D%BC:%EA
%B0%80%EC%A1%B1%EC%9E%85%EB%8B%88%E
B%8B%A4_%EB%A9%94%EC%9D%B8%20
%ED%8F%AC%EC%8A%A4%ED%84%B0.jpg

(그림 48) 멜로가 체질

https://zh.wikipedia.org/wiki/%E6%B5%AA%E6%BC%
AB%E7%9A%84%E9%AB%94%E8%B3%AA#/media/
File:Be_Melodramatic.png

(그림 49) 태양의 후예

https://upload.wikimedia.org/wikipedia/ko/f/fa/%ED
%83%9C%EC%96%91%EC%9D%98_%ED%9B%84
EC%98%88_%ED%8F%AC%EC%8A%A4%ED%84%
B0.jpg

(그림 50) 녹두전

https://namu.wiki/w/%ED%8C%8C%EC%9D%BC:%EC
%A1%B0%EC%84%A0%EB%A1%9C%EC%BD%94%
20%EB%85%B9%EB%91%90%EC%A0%84.%ED%8F
%AC%EC%8A%A4%ED%84%B0.jpg

(그림 51) 모범 형사

https://namu.wiki/w/%ED%8C%8C%EC%9D%BC:%EB
%AA%A8%EB%B2%94%ED%98%95%EC%82%AC%20
%EB%A9%94%EC%9D%B8%20%ED%8F%AC%EC%
8A%A4%ED%84%B0.jpg

(그림 52) 낭만 닥터 김사부

https://ko.wikipedia.org/wiki/%EB%82%AD%EB%A7%8
C%EB%8B%A5%ED%84%B0_%EA%B9%80%EC%82%
AC%EB%B6%80#/media/%ED%8C%8C%EC%9D%
BC:A_poster_of_Romantic_Doctor_Teacher_Kim.jpg

(그림 53) 웰컴 2 라이프

https://zh.wikipedia.org/wiki/Welcome_2_Life#/
media/File:Welcome_2_Life.png

(그림 54) 모던 파머

https://namu.wiki/w/%ED%8C%8C%EC%9D%BC:
external/bbsimg.sbs.co.kr/img0404_20141013152202_
1.jpg

(그림 55) 신과 함께

https://ko.wikipedia.org/wiki/신과함께:_죄와_벌#/
media/파일:신과함께_죄와_벌.jpg

(그림 56) 승리호

https://upload.wikimedia.org/wikipedia/en/0/05/
Space_Sweepers.jpg

(그림 57) 여고괴담

https://upload.wikimedia.org/wikipedia/ko/3/39/%EC
%97%AC%EA%B3%A0%EA%B4%B4%EB%8B%B4_%
ED%8F%AC%EC%8A%A4%ED%84%B0.jpg

(그림 58) 지금 만나러 갑니다

https://upload.wikimedia.org/wikipedia/ko/e/eb/지금_
만나러_갑니다_%282018년_영화%29_포스터.jpg

(그림 59) 엑시트

https://upload.wikimedia.org/wikipedia/en/b/b4/
Exit_%282019_film%29.jpg

(그림 60) 정직한 후보

https://upload.wikimedia.org/wikipedia/ko/6/6c/%EC
%A0%95%EC%A7%81%ED%95%9C%ED%9B%84%E
B%B3%B4_%ED%8F%AC%EC%8A%A4%ED%8
4%B0.jpg

(그림 61) 명량

https://ko.wikipedia.org/wiki/명량_(영화)#/media/파일:
명량_영화.jpg

(그림 62) 인생은 아름다워

https://movie-phinf.pstatic.net/20201111_256/16050562
82983gXLPs_JPEG/movie_image.jpg

(그림 63) 인물관계도

https://www.shutterstock.com/ko/image-vector/
infographic-design-template-creative-organization-
chart-1401745454

(그림 64) 이미지맵

장안대학교 스타일리스트과 자료

(그림 65) 지금 만나러 갑니다

https://ko.wikipedia.org/wiki/지금_만나러_갑니다_(2018년_
영화)#/media/파일:지금_만나러_갑니다_(2018년_영화

(그림 66) 부암동 복수자들

https://namu.wiki/w/%EB%B6%80%EC%95%94%EB
%8F%99%20%EB%B3%B5%EC%88%98%EC%9E%90
%EB%93%A4

(그림 67) 보좌관

https://zh.wikipedia.org/wiki/%E8%BC%94%E4%BD%9
0%E5%AE%98%E2%80%93%E6%94%B9%E8%AE%8A
%E4%B8%96%E7%95%8C%E7%9A%84%E4%BAht
tps://upload.wikimedia.org/wikipedia/en/4/4f/250px-
DaeMul.jpg%BA%E5%80%91#/media/File:Aide_
JTBC.png

(그림 68) 미스티

https://upload.wikimedia.org/wikipedia/en/4/43/
Misty_%28TV_series%29.jpg

(그림 69) 아스달 연대기

https://zh.wikipedia.org/wiki/%E9%98%BF%E6%96%A
F%E9%81%94%E5%B9%B4%E4%BB%A3%E8%A8%
98#/media/File:Arthdal_Chronicles.png

(그림 70) 철인왕후

https://upload.wikimedia.org/wikipedia/en/e/e7/Mr._
Queen_poster.jpg

(그림 71) 응답하라 1994

https://zh.wikipedia.org/wiki/%E8%AB%8B%E5%9B%
9E%E7%AD%941994#/media/File:Reply_1994.jpg

(그림 72) 빙의

https://zh.wikipedia.org/wiki/%E9%99%84%E8%
BA%AB_(%E9%9B%BB%E8%A6%96%E5%8A%87)#/
media/File:Possessed.png

(그림 73) 커피프린스 1호점

http://mimg.segye.com/content/image/2020/08/21
/20200821512532.jpg

(그림 74) 런온

https://upload.wikimedia.org/wikipedia/en/f/fb/Run_
On_TV_series.jpg

(그림 75) 아이템 기획

장안대학교 스타일리스트과 자료

(그림 76) 테마 및 컬러 기획

장안대학교 스타일리스트과 자료

(그림 77) 의상 연결표

장안대학교 스타일리스트과 자료

(그림 78) 수기로 작성한 의상 연결표

스타일리스트 이진영 자료

(그림 79) 홍보대행사 ㈜예컴 애드

㈜ 예컴 애드

(그림 80) 협찬 양식

㈜ 예컴 애드

(그림 81) 완납 표시

㈜ 예컴 애드

(그림 82) 스타일링 맵

장안대학교 스타일리스트과 자료

279

찾아보기

기타

저자 소개

김현량

이화여자대학교 패션디자인과 학사
한양사이버대학교 디자인대학원 디자인학과 디자인융합
전공 석사
SBS 예능국, 중앙일보, 경향신문사 외 스타일리스트
현재 장안대학교 스타일리스트과 교수

이언영

이화여자대학교 일반대학원 의류직물학과 석사 및
박사(패션디자인 전공)
미국 뉴욕 F.I.T 패션 아트 디자인 과정 수료 및
할리우드 캘리포니아 아카데미 메이크업 & 패션 과정
수료
제일기획, 휘닉스 커뮤니케이션 외 광고 스타일리스트
경향신문사, 웅진, 한국방송문화예술원 외
스타일리스트
저서 《토탈패션 코디네이션(2004)》, 《컬러 앤 디자인
이미지(2007)》, 《컬러스토리(2010)》, 《뉴 컬러&디자인
이미지(2019)》
현재 장안대학교 스타일리스트과 교수

조인실

이화여자대학교 조형예술대학 장식미술과 및 동대학원
석사(패션디자인 전공)
이태리 밀라노 마랑고니 패션스쿨 마스터 과정
졸업(패션 스타일리스트 전공)
동아일보사 월간〈멋〉, 중앙일보사〈라벨르〉〈영레이디〉,
조선일보사〈FEEL〉 코디네이터
태평양화학 〈마몽드〉〈순정진〉〈레쎄〉〈트윈엑스〉 광고
전속 스타일리스트
현재 장안대학교 스타일리스트과 교수

패션 스타일리스트

2021년 3월 22일 초판 인쇄
2021년 3월 29일 초판 발행
등록 1968.10.28. 제406-2006-000035호
ISBN 978-89-363-2147-5(93590)
값 23,000원

지은이
김현량 · 이언영 · 조인실
펴낸이
류원식
편집팀장
김경수
책임진행
이유나
디자인
신나리
본문편집
벽호미디어

펴낸곳
교문사
10881, 경기도 파주시 문발로 116
문의
Tel. 031-955-6111
Fax. 031-955-0955
www.gyomoon.com
e-mail. genie@gyomoon.com

저자와의 협의하에 인지를 생략합니다.
잘못된 책은 바꿔 드립니다.
불법복사는 지적 재산을 훔치는 범죄행위입니다.